消防工程便携手册系列

消防设施操作员便携手册

主　编　郭树林　王　旭
副主编　王余胜
参　编　张　亮　张　丹

机 械 工 业 出 版 社

本书是“消防工程便携手册系列”丛书中3个分册中的一个分册，另两个分册是《消防监督员便携手册》和《注册消防工程师便携手册》。“消防工程便携手册系列”丛书实用性和针对性强、易学易用、携带方便，是目前国内完整、系统的注册消防工程师和从业人员的参考书，填补了行业空白，对于提高注册消防从业人员技术水平具有积极的指导作用，在推动法治消防建设方面具有重要的现实意义。

本书内容包括消防设施检查、安装、检测，以及维护与保养等行业规定和技术知识。

本书可作为建筑消防设施施工、检查、维护等工作的从业人员的学习参考用书，也可作为高等院校建筑消防工程专业的教材。

图书在版编目（CIP）数据

消防设施操作员便携手册/郭树林，王旭主编. —北京：机械工业出版社，2023.4（2024.7重印）
（消防工程便携手册系列）
ISBN 978-7-111-72734-7

Ⅰ.①消… Ⅱ.①郭… ②王… Ⅲ.①消防设备-手册 Ⅳ.①TU998.13-62

中国国家版本馆CIP数据核字（2023）第040035号

机械工业出版社（北京市百万庄大街22号 邮政编码100037）
策划编辑：闫云霞 责任编辑：闫云霞 关正美
责任校对：李 杉 王明欣 封面设计：张 静
责任印制：郜 敏
天津光之彩印刷有限公司印刷
2024年7月第1版第5次印刷
130mm×184mm · 5.125印张 · 159千字
标准书号：ISBN 978-7-111-72734-7
定价：25.00元

电话服务
客服电话：010-88361066
010-88379833
010-68326294

网络服务
机 工 官 网：www.cmpbook.com
机 工 官 博：weibo.com/cmp1952
金 书 网：www.golden-book.com
机工教育服务网：www.cmpedu.com

前　言

消防工程师是指从事消防技术咨询、消防安全评估、消防安全管理、消防安全技术培训、消防设施检测、火灾事故技术分析、消防设施维护、消防安全监测、消防安全检查等消防安全技术工作的专业技术人员。随着消防领域新政策的出台，并经过7年的注册消防工程师考试，报考人数在不断提升，消防工程师考试通过后，获得消防工程师资格，注册成为注册消防工程师可以被指派为消防项目经理。因此，参加工作后，就需要有这样一本速查速用手册，以便工作需要。

消防设施操作员是从事建筑物、构筑物消防安全管理，消防安全检查和建筑消防设施操作与维护等工作的人员。主要工作内容包括消防安全检查；消防控制室监控；建筑消防设施操作与维护等。

结合我国近年来各种消防安全管理等方面的经验，且遵循“预防为主，防消结合”的消防工作方针，培养更多的掌握建筑消防安全的人才，我们编写了本套丛书。

本套丛书以最新的标准、规范为依据，具有很强的针对性和适用性。理论与实践相结合，更注重实际经验的运用；结构体系上重点突出、详略得当。

本套丛书在编写过程中参阅和借鉴了许多优秀书籍、图集和有关国家标准，在此一并致谢。由于作者水平有限，尽管尽心尽力，反复推敲，仍难免存在疏漏或未尽之处，恳请有关专家和读者提出宝贵意见予以批评指正。

编　者

目　录

1 消防设施检查

（1）消防给水

消防给水

◆市政给水管网

- 可以连续供水。
- 市政给水厂至少有两条输水干管。
- 布置成环状管网。
- 有不同市政给水干管上不少于两条引入管向消防给水系统供水。

◆消防水池

- 有足够的有效容积。
- 供消防车取水的消防水池应设取水口（井）。
- 应确保消防用水不被挪作他用的技术措施。
- 严寒、寒冷等结冰地区的消防水池还应采取相应的防冻措施。
- 取水设施有相应保护措施。

消防水池

（续）

消防给水

◆天然水源

→利用江河湖海、水库等天然水源作为消防水源时，其设计枯水流量保证率宜为 90%~97%，检查其是否有条件采取防止冰凌、漂浮物、悬浮物等物质堵塞消防设施的技术措施。

→天然水源应当具备在枯水位也能确保消防车、固定和移动消防水泵取水的技术条件。

→若要求消防车能够到达取水口，则还需要设置满足消防车到达取水口的消防车道和消防车回车场或回车道。

→水井不应少于两眼，且当每眼井的深井泵均采用一级供电负荷时，才可视为两路消防供水，若不满足，则视为一路消防供水。

水库

◆其他水源

→雨水清水池、中水清水池、水景和游泳池等，一般只宜作为备用消防水源。

◆消防水泵外观

→所有铸件外表面不应有明显的结疤、气泡、砂眼等缺陷。

→泵体以及各种外露的罩壳、箱体均应喷涂大红漆。

→消防水泵的形状尺寸和安装尺寸应与提供的安装图样相符。

→铭牌上标注的泵的型号、名称、特性应与设计说明一致。

（续）

消防给水

消防水泵

◆消防水泵的材料

- 水泵外壳宜为球墨铸铁，水泵叶轮宜为青铜或不锈钢。
- 泵体、泵轴、叶轮等的材质合格证应符合要求。

◆消防水泵的结构

- 泵的结构形式分为中开双吸泵、端吸泵、管道泵、卧式多级泵、立式长轴泵等，其选用应保证易于现场维修和更换零件。
- 紧固件及自锁装置不应因振动等原因而产生松动。
- 消防泵体上应铸出表示旋转方向的箭头。
- 泵应设置放水旋塞，放水旋塞应处于泵的最低位置以便排尽泵内余水。

◆消防水泵的机械性能

- 消防水泵的型号与设计型号一致，泵的流量、扬程、功率符合设计要求和国家现行有关标准的规定。
- 轴封处密封良好，无线状泄露现象。

（续）

消防给水	◆消防水泵控制柜 →消防水泵控制柜的控制功能满足设计要求。 →控制柜端正，表面应平整，涂层颜色均匀一致，无眩光，并符合现行国家标准的有关规定，且控制柜外表面没有明显的磕碰伤痕和变形掉漆。 →控制柜面板设有电源电压、电流、水泵启停状况及故障的声光报警等显示。 →控制柜导线的规格和颜色符合现行国家标准的有关规定。 →面板上的按钮、开关、指示灯应易于操作和观察且有功能标示，并符合现行国家标准的有关规定。 →控制柜内的电气元件及材料应符合现行国家产品标准的有关规定。 →有可靠的双电源或双回路电源条件。 →机械应急开关合理。 →IP 等级符合设计要求。

（2）消火栓系统

消火栓系统	◆室外消火栓 →对照产品的检验报告，合格的室外消火栓应在阀体或阀盖上铸出型号、规格和商标且应与检验报告描述一致。 →用小刀轻刮外螺纹固定接口和吸水管接口，目测外螺纹固定接口和吸水管接口的本体材料应由铜质材料或不锈钢材料制造。 →室外消火栓应有自动排放余水装置。 →栓阀座应用铸造铜合金制作，阀杆螺母材料性能应不低于黄铜。

（续）

消火栓系统

◆室内消火栓

- 对照产品的检验报告，室内消火栓应在阀体或阀盖上铸出型号、规格和商标且应与检验报告描述一致。
- 室内消火栓手轮轮缘上应明显地铸出标示开关方向的箭头和字样。手轮直径应符合要求，如常用的 SN65 型手轮，其直径应不小于 120mm，手轮直径可用游标卡尺测量。
- 室内消火栓阀座及阀杆螺母材料性能应不低于黄铜，阀杆本体材料性能应不低于铅黄铜。

◆消火栓箱

- 外观质量和标识

  ① 消火栓箱箱体应设耐久性铭牌。

  ② 现场检查时可以用小刀轻刮箱体内外表面涂层，查看是否经过防腐处理。

  ③ 目测消火栓箱箱门正面，应以直观、醒目、匀整的字体标注“消火栓”字样，且字体高不得小于 100mm、宽不得小于 80mm。
- 器材的配置和性能

  ① 箱内消防器材的配置应该与报告一致。

  ② 消火栓箱内配置的消防器材（水枪、水带等）应符合各产品现场检查的要求。
- 消火栓箱应设置门锁或箱门关紧装置。
- 卷盘式消火栓箱的水带盘从挂臂上取出应无卡阻。
- 室内消火栓箱刮开箱体涂层，使用千分尺进行测量，箱体应使用厚度不小于 1. 2mm 的薄钢板或铝合金材料制造，箱门玻璃厚度不小于 4mm。

（续）

消火栓系统

◆**消防水带产品标识及外观**

→对照消防水带的3C认证型式检验报告，查看该产品名称、型号、规格。

→每根消防水带应以有色线作为带身中心线。

→在端部附近中心线两侧须用不易脱落的油墨清晰地印上下列标识：产品名称、设计工作压力、规格（公称内径及长度）、经线、纬线及衬里的材质、生产厂名、注册商标、生产日期。

→消防水带的织物层应编织均匀，表面整洁，无跳双经、断双经、跳纬及划伤。

消防水带

◆**消防水带长度**

→将整卷消防水带打开，用卷尺测量其总长度。

→测量时应不包括消防水带的接口，将测得的数据与有衬里消防水带的标称长度进行对比。

→如消防水带长度小于消防水带长度规格1m以上的，则可以判定该产品为不合格。

（续）

消火栓系统

◆消防水带长度压力试验

→截取 1. 2m 长的消防水带，使用手动试压泵或电动试压泵平稳加压至试验压力，保压 5min，检查是否有渗漏现象，有渗漏则不合格。

→在试验压力状态下，继续加压，升压至试样爆破，其爆破压力应不小于消防水带工作压力的 3 倍。

→如常用 8 型消防水带的试验压力为 1. 2MPa，爆破压力应不小于 3. 6MPa。

◆消防水枪表面检查

→应无结疤、裂纹及孔眼。

→使用小刀轻刮消防水枪铝制件表面，检查是否进行过阳极氧化处理。

消防水枪

（续）

<table>
<tr><td>消火栓系统</td><td>

◆消防水枪抗跌落性能检查

→将消防水枪以喷嘴垂直朝上、喷嘴垂直朝下（旋转开关处于关闭位置），以及消防水枪轴线处于水平（若有开关时，开关处于消防水枪轴线之下并处于关闭位置）三个位置，从离地（2±0.02）m 高处（从消防水枪的最低点算起）自由跌落到混凝土地面上。

→消防水枪在每个位置各跌落两次，然后再检查，如消防接口跌落后出现断裂或不能正常操纵使用的，则判定该产品不合格。

◆消防水枪密封性能检查

→封闭消防水枪的出水端。

→将消防水枪的进水端通过接口与手动试压泵或电动试压泵装置相连。

→排除枪体内的空气，然后缓慢加压至最大工作压力的 1.5 倍，保压 2min，消防水枪不应出现裂纹、断裂或影响正常使用的残余变形。

◆消防接口表面检查

→使用小刀轻刮消防接口表面，目测。

→表面应进行过阳极氧化处理或静电喷塑防腐处理。

◆内扣式消防接口抗跌落性能检查

→以扣爪垂直朝下的位置，将消防接口的最低点离地面（1.5±0.05）m 高度，然后自由跌落到混凝土地面上。反复进行 5 次后，检查消防接口是否断裂，是否能与相同口径的消防接口正常连接。

→如消防接口跌落后出现断裂或不能正常操纵使用的，则判定该产品不合格。

</td></tr>
</table>

（续）

<table>
<tr><td>消火栓系统</td><td>

内扣式消防接口

◆卡式消防接口和螺纹式消防接口抗跌落性能检查

→以消防接口的轴线呈水平状态，将消防接口的最低点离地面（1.5±0.05）m高度，然后自由跌落到混凝土地面上。反复进行5次后，检查消防接口是否断裂，并进行操作。

→如消防接口跌落后出现断裂或不能正常操纵使用的，则判定该产品不合格。

卡式消防接口

</td></tr>
</table>

（3）自动喷水灭火系统

<table>
<tr><td>自动喷水灭火系统</td><td>

◆喷头装配性能检查

→旋拧喷头顶丝，不得轻易旋开。

→转动溅水盘，无松动、变形等现象。

</td></tr>
</table>

（续）

自动喷水灭火系统	
	◆**喷头外观标识检查** →喷头溅水盘或者本体上至少具有型号、规格、生产厂商名称（代号）或者商标、生产时间、响应时间指数（RTI）等永久性标识。 →边墙型喷头上有水流方向标识，隐蔽式喷头的盖板上有“不可覆”等文字标识。 →喷头型号、规格的标识由类型特征代号（型号）、性能代号、公称口径和公称动作温度等部分组成，型号、规格所示的性能参数应符合设计文件的选型要求。 →所有标识均为永久性标识，标识正确、清晰。 →易熔元件、玻璃球的色标与温标对应、正确。 ◆**喷头外观质量检查** →外观无加工缺陷、无机械损伤、无明显磕碰伤痕或者损坏；溅水盘无松动、脱落、损坏或者变形等情况。 →喷头螺纹密封面无伤痕、毛刺、缺丝或者断丝现象。 ◆**闭式喷头密封性能试验** →密封性能试验的试验压力为3.0MPa，保压时间不少于3min。 →随机从每批到场喷头中抽取1%，且不少于5只作为试验喷头。当1只喷头试验不合格时，再抽取2%，且不少于10只的到场喷头进行重复试验。 →试验以喷头无渗漏、无损伤判定为合格。累计两只以及两只以上喷头试验不合格的，不得使用该批喷头。

（续）

自动喷水灭火系统	**◆喷头质量偏差检查** →随机抽取3只喷头（带有运输护帽的摘下护帽）进行质量偏差检查。 →使用天平测量每只喷头的质量。 →计算喷头质量与合格检验报告描述的质量偏差，偏差不得超过5%。 **◆报警阀组外观检查** →报警阀的商标、型号、规格等标识应齐全，阀体上有水流指示方向的永久性标识。 →报警阀的型号、规格应符合经消防设计审查合格或者备案的消防设计文件要求。 →报警阀组及其附件应配备齐全，表面无裂纹，无加工缺陷和机械损伤。 **◆报警阀组结构检查** →阀体上应设有放水口，放水口的公称直径不应小于20mm。 →阀体阀瓣组件的供水侧，应设有在不开启阀门的情况下测试报警装置的测试管路。 →干式报警阀组、雨淋报警阀组应设有自动排水阀。 →阀体内应清洁、无异物堵塞，报警阀阀瓣开启后应能够复位。 **◆报警阀组操作性能检验** →报警阀阀瓣以及操作机构应动作灵活，无卡涩现象。 →水力警铃的铃锤应转动灵活，无阻滞现象。 →水力警铃传动轴密封性能应良好，无渗漏水现象。 →进口压力为0.14MPa、排水流量不大于15L/min时，不报警；流量为15~60L/min时，可报可不报；流量大于60L/min时，必须报警。

（续）

自动喷水灭火系统

◆报警阀组渗漏检验

→测试报警阀密封性，试验压力为额定工作压力 2 倍的静水压力，保压时间不小于 5min 后，阀瓣处应无渗漏。

◆其他组件外观检查要求

→压力开关、水流指示器、末端试水装置等有清晰的铭牌、安全操作指示标识和产品说明书。

→水流指示器上有水流方向的永久性标识；末端试水装置的试水阀上有明显的启闭状态标识。

→各组件不得有结构松动、明显的加工缺陷，表面不得有明显锈蚀、涂层剥落、起泡、毛刺等缺陷；水流指示器桨片应完好无损。

◆水流指示器功能检查

→检查水流指示器灵敏度，试验压力为 0. 14~1. 2MPa，流量不大于 15L/min 时，水流指示器不报警；流量在 15~37. 5L/min 任一数值时，可报警可不报警；到达 37. 5L/min 时，一定报警。

→具有延迟功能的水流指示器，检查桨片动作后报警延迟时间，在 2~90s 范围内，且不可调节。

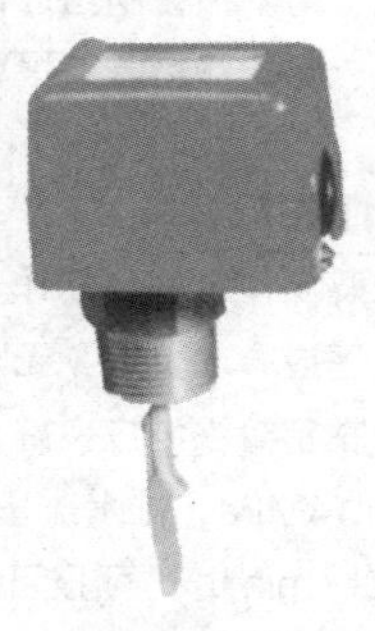

水流指示器

（续）

自动喷水灭火系统	**◆压力开关功能检查** →测试压力开关动作情况，检查其常开或者常闭触点通断情况，动作可靠、准确。 **◆末端试水装置功能检查** →测试末端试水装置密封性能，试验压力为额定工作压力的 1.1 倍，保压时间为 5min，末端试水装置试水阀关闭，测试结束时末端试水装置各组件无渗漏。 →末端试水装置手动（电动）操作方式灵活，便于开启，信号反馈装置能够在末端试水装置开启后输出信号，试水阀关闭后，末端试水装置无渗漏。 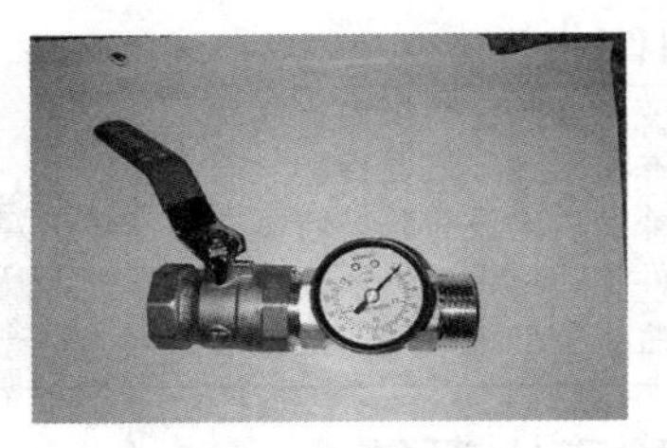 末端试水装置

（4）水喷雾灭火系统

水喷雾灭火系统	**◆喷头** →商标、型号、制造厂商及生产日期等标识应齐全，喷头的型号、规格等应符合设计要求。 →喷头外观应无加工缺陷和机械损伤。 →喷头螺纹密封面应无伤痕、毛刺、缺丝或断丝现象。

(5) 细水雾灭火系统

细水雾灭火系统

◆喷头

- 商标、型号、制造厂商及生产日期等标识应齐全、清晰。
- 数量应满足设计要求。
- 喷头外观应无加工缺陷和机械损伤。
- 喷头螺纹密封面应无伤痕、毛刺、缺丝或断丝现象。

◆阀组

- 各阀门的商标、型号、规格等标识应齐全。
- 各阀门及其附件应无加工缺陷和机械损伤。
- 控制阀的明显部位应有标明水流方向的永久性标识。
- 各阀门及其附件应配备齐全，型号、规格应符合设计要求。
- 控制阀的阀瓣及操作机构应动作灵活、无卡涩现象。
- 阀体内应清洁、无异物堵塞。

◆其他组件

- 应无变形及其他机械性损伤。
- 外露非机械加工表面保护涂层应完好。
- 所有外露口均设有防护堵盖，且密封良好。
- 各组件铭牌标识应清晰、牢固，方向正确。
- 贮气瓶组驱动装置动作应灵活，无卡阻现象。

(6) 气体灭火系统

气体灭火系统

◆管材、管道连接件

- 品种、规格、性能等应符合相应产品标准和设计要求。
- 外观质量应符合设计规定。
- 镀锌层不得有脱落、破损等缺陷。
- 螺纹连接管道连接件不得有缺纹、断纹等现象。
- 法兰盘密封面不得有缺损、裂痕。
- 密封垫片应完好无划痕。
- 规格尺寸、厚度及允许偏差应符合其产品标准和设计要求。

（续）

气体灭火系统	◆组件的外观 →应无碰撞变形及其他机械性损伤。 →外露非机械加工表面保护涂层应完好。 →所有外露接口均应设有防护堵、盖，且封闭良好，接口螺纹和法兰密封面无损伤。 →贮存容器外表正面应标注灭火剂名称，字迹明显、清晰，标识铭牌牢固且设置在系统明显部位，选择阀、单向阀应标有介质流动方向的标识。 →球阀或蝶阀结构的总控阀应标有阀位指示标志（“开”和“关”或者“OPEN”和“CLOSE”），指示标识清晰、易见；利用手轮开启的阀门，在手轮上应标有开关方向。 →同一规格的灭火剂贮存容器，其高度差不宜超过20mm。 →同一规格的驱动气体贮存容器，其高度差不宜超过10mm。 ◆组件 →品种、规格、性能等应符合国家现行产品标准和设计要求，核查产品出厂合格证和市场准入制度要求的法定机构出具的有效证明文件。 →设计有复验要求或对质量有疑义时，抽样复验，复验结果应符合国家现行产品标准和设计要求。 ◆灭火剂贮存容器 →灭火剂贮存容器的充装量、充装压力应符合设计要求。 →充装系数或装量系数应符合设计规范规定。 →不同温度下灭火剂的贮存压力应按相应标准确定。

（续）

气体灭火系统	**◆阀驱动装置** →电磁驱动器的电源电压应符合系统设计要求。 →通电检查电磁铁芯，其行程应能满足系统启动要求，且动作灵活，无卡阻现象。 →气动驱动装置贮存容器内气体压力不应低于设计压力，且不得超过设计压力的 5%，气体驱动管道上的单向阀应启闭灵活，无卡阻现象。 →机械驱动装置应传动灵活，无卡阻现象。

（7）泡沫灭火系统

泡沫灭火系统	**◆需要送检的泡沫液** →6%型低倍数泡沫液设计用量大于或等于 7t。 →3%型低倍数泡沫液设计用量大于或等于 3. 5t。 →6%蛋白型中倍数泡沫液最小贮备量大于或等于 2. 5t。 →6%合成型中倍数泡沫液最小贮备量大于或等于 2t。 →高倍数泡沫液最小贮备量大于或等于 1t。 →合同文件规定的需要现场取样送检的泡沫液。 **◆泡沫液检查方法** →对于取样留存的泡沫液，进行观察检查和检查市场准入制度要求的有效证明文件及产品出厂合格证即可。 →对于需要送检的泡沫液，需要按照《泡沫灭火剂》（GB 15308—2006）的规定对相关参数进行检测。 →送检泡沫液主要对其发泡性能和灭火性能进行检测，检测内容主要包括发泡倍数、析液时间、灭火时间和抗烧时间。

（续）

泡沫灭火系统

◆**系统组件的外观质量**

- 无变形及其他机械性损伤。
- 外露非机械加工表面保护涂层完好。
- 无保护涂层的机械加工面无锈蚀。
- 所有外露接口无损伤，堵、盖等保护物包封良好。
- 铭牌标记清晰、牢固。
- 消防泵运转灵活，无阻滞，无异常声音。
- 高倍数泡沫产生器用手转动叶轮灵活。
- 固定式泡沫炮的手动机构无卡阻现象。

◆**系统组件的性能检查内容**

- 泡沫产生装置、泡沫比例混合器（装置）、泡沫液压力贮罐、泡沫消防泵、泡沫消火栓、阀门、压力表、管道过滤器、金属软管等。

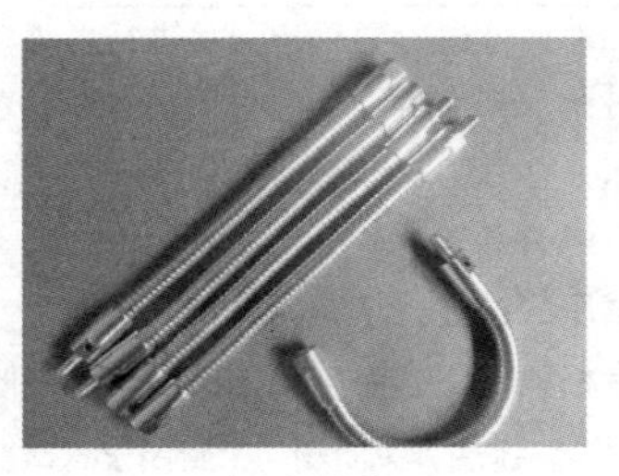

金属软管

◆**系统组件的性能要求**

- 系统组件的型号、规格、性能符合《泡沫灭火系统及部件通用技术条件》（GB 20031—2005）和设计要求。
- 当以上组件在设计上有复验要求或施工方、建设方等对组件质量有疑义时，需要将这些组件送至具有相应资质的检测单位进行检测复验，需要检测的组件由监理工程师负责抽样，具体复验结果要符合国家现行产品标准和设计要求。

（续）

泡沫灭火系统

◆系统组件的性能检查方法

→一般情况下，检查市场准入制度要求的有效证明文件和产品出厂合格证。

→当组件需要复验时，按照《泡沫灭火系统及部件通用技术条件》（GB 20031—2005）等相关标准规定的试验方法进行试验。

◆系统组件的强度和严密性检查内容

→需要对阀门的强度和严密性进行试验。

◆系统组件的强度和严密性检查要求

→强度和严密性试验要采用清水进行，强度试验压力为公称压力的 1.5 倍，严密性试验压力为公称压力的 1.1 倍。

→试验压力在试验持续时间内要保持不变，且壳体填料和阀瓣密封面不能有渗漏。

→阀门试压的试验持续时间符合规定。

→试验合格的阀门，要排尽内部积水，并吹干。

→密封面涂防锈油，关闭阀门，封闭出入口，并做出明显的标识。

◆系统组件的强度和严密性检查方法

→将阀门安装在试验管道上，有液流方向要求的阀门，试验管道要安装在阀门的进口。

→然后将管道充满水，排净空气，用试压装置缓慢升压，待达到严密性试验压力后，在最短试验持续时间内，以阀瓣密封面不渗漏为合格。

→最后将压力升至强度试验压力，在最短试验持续时间内，以壳体填料无渗漏为合格。

(8) 干粉灭火系统

干粉灭火系统

◆干粉贮存容器外观质量检查

- 铭牌清晰、牢固、方向正确。
- 干粉贮存容器外表颜色为红色。
- 无碰撞变形及其他机械性损伤。
- 外露非机械加工表面保护涂层完好。
- 品种、规格、性能等符合国家现行产品标准和设计要求。

◆干粉贮存容器密封面检查

- 所有外露接口均设有防护堵、盖，且封闭良好，接口螺纹和法兰密封面无损伤。

◆干粉贮存容器充装量检查

- 实际充装量不得小于设计充装量，也不得超过设计充装量的3%。

◆气体贮瓶、减压阀、选择阀、信号反馈装置、喷头、安全防护装置、压力报警及控制器等外观检查

- 铭牌清晰、牢固、方向正确。
- 无碰撞变形及其他机械性损伤。
- 外露非机械加工表面保护涂层完好。
- 品种、规格、性能等符合国家现行产品标准和设计要求。
- 对同一规格的干粉贮存容器和驱动气体贮瓶，其高度差不超过20mm。
- 对同一规格的启动气体贮瓶，其高度差不超过10mm。
- 驱动气体贮瓶容器阀具有手动操作机构。
- 选择阀在明显部位永久性标有介质的流动方向。

（续）

干粉灭火系统	**◆气体贮瓶、减压阀、选择阀、信号反馈装置、喷头、安全防护装置、压力报警及控制器等密封面检查** →外露接口均设有防护堵、盖，且封闭良好。 →接口螺纹和法兰密封面无损伤。 **◆阀驱动装置外观和密封面检查** →铭牌清晰、牢固、方向正确。 →无碰撞变形及其他机械性损伤。 →外露非机械加工表面保护涂层完好。 →所有外露接口均设有防护堵、盖，且封闭良好；接口螺纹和法兰密封面无损伤。 **◆阀驱动装置功能检查** →电磁驱动器的电源电压符合设计要求。电磁铁芯通电检查后行程能满足系统启动要求，且动作灵活，无卡阻现象。 →启动气体贮瓶内压力不低于设计压力，且不超过设计压力的5%，设置在启动气体管道上的单向阀启闭灵活，无卡阻现象。 →机械驱动装置传动灵活，无卡阻现象。

（9）火灾自动报警系统

火灾自动报警系统	**◆组件** →按照设计文件的要求对组件进行检查，组件的型号、规格应符合设计文件的要求。 →对组件外观进行检查，组件表面应无明显划痕、毛刺等机械损伤，紧固部位应无松动。

(10) 防烟排烟系统

防烟排烟系统

◆风管

- 风管的材料品种、规格、厚度等应符合设计要求和现行国家标准的规定。
- 有耐火极限要求的风管的本体、框架与固定材料、密封垫料等必须为不燃材料，材料品种、规格、厚度及耐火极限等应符合设计要求和现行国家标准的规定。
- 按风管、材料加工批次的数量抽查10%，且不得少于5件。

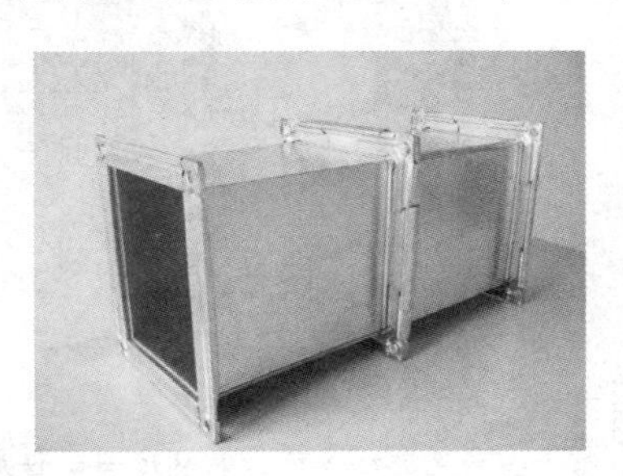

风管

◆阀（口）

- 排烟防火阀、送风口、排烟阀或排烟口等应符合有关消防产品标准的规定，其型号、规格、数量应符合设计要求，手动开启灵活、关闭可靠严密。

  按种类、批抽查10%，且不得少于2个。
- 防火阀、送风口和排烟阀或排烟口等的驱动装置，动作应可靠，在最大工作压力下工作正常。

  按批抽查10%，且不得少于1件。
- 排烟系统柔性短管的制作材料必须为不燃材料。

  全数检查。

（续）

防烟排烟系统

排烟防火阀

◆风机

→风机应符合有关消防产品标准的规定，其型号、规格、数量应符合设计要求，出口方向应正确。

→全数检查。

◆活动挡烟垂壁及其电动驱动装置和控制装置

→活动挡烟垂壁及其电动驱动装置和控制装置应符合有关消防产品标准的规定，其型号、规格、数量应符合设计要求，动作可靠。

→按批抽查10%，且不得少于1件。

◆自动排烟窗的驱动装置和控制装置

→自动排烟窗的驱动装置和控制装置应符合设计要求，动作可靠。

→按批抽查10%，且不得少于1件。

（11）消防应急照明和疏散指示系统

消防应急照明和疏散指示系统	**◆材料、系统部件及配件** →材料、系统部件及配件进入施工现场应有清单、使用说明书、质量合格证明文件、国家法定质检机构的检验报告、认证证书和认证标识等文件。 →系统中的应急照明控制器、集中电源、应急照明配电箱、灯具应是通过国家认证的产品，产品名称、型号、规格应与认证证书和检验报告一致。 →系统部件及配件的规格、型号应符合设计文件的规定。 →系统部件及配件表面应无明显划痕、毛刺等机械损伤，紧固部位应无松动。

（12）城市消防远程监控系统

城市消防远程监控系统	**◆系统进场检查** →城市消防远程监控系统的设备、材料及配件进入施工现场应有清单、使用说明书、质量合格证明文件、国家法定质检机构的检验报告等文件。 →计算机、服务器、显示器、打印设备、数据终端等信息技术设备应为通过强制性产品质量认证的产品。 →电信终端设备、无线通信设备和涉及网间互联的网络设备等产品应具有国家信息产业主管部门电信设备进网许可证。 →操作系统、数据库管理系统、地理信息系统、安全管理系统（信息安全、网络安全等）和网络管理系统等平台软件应具有软件使用（授权）许可证。

（续）

城市消防远程监控系统	◆**系统布线检查** →在建筑抹灰及地面工程结束后，进行管内或线槽内的系统布线，管内或线槽内积水及杂物要清理干净。 →用户信息传输装置相连接的不同电压等级、不同电流类别的线路，不应布在同一管内或线槽的同一槽孔内。 →导线在管内或线槽内不应有接头或扭结。导线的接头应在接线盒内焊接或用端子连接。 →从接线盒、线槽等处引到用户信息传输装置的线路，当采用可挠性金属管保护时，其长度不应大于2m。 →敷设在多尘或潮湿场所管路的管口和管子连接处，均应做密封处理。 →金属管子入盒，盒外侧应套锁母，内侧应装护口；在吊顶内敷设时，盒的内外侧均应套锁母。塑料管入盒应采取相应的固定措施。 →明敷设各类管路和线槽时，应采用单独的卡具吊装或支撑物固定。 →吊装线槽或管路的吊杆直径不应小于6mm。 →线槽接口应平直、严密，槽盖应齐全、平整、无翘角。并列安装时，槽盖应便于开启。 →管线经过建筑物的变形缝（包括沉降缝、伸缩缝、抗震缝等）处，应采取补偿措施，导线跨越变形缝的两侧应固定，并留有适当余量。 →同一工程中的导线，要根据不同用途选择不同颜色加以区分，相同用途的导线颜色最好保持一致。建议电源线正极采用红色导线，负极采用蓝色或黑色导线。

(13) 其他消防设施

其他消防设施

◆防火门

- 检查其整体外形、尺寸、门扇比例等，需核对各项指标是否与证书内容相符。
- 门扇厚度的检查，对其实际的厚度进行测量，确保实际厚度符合检验报告标称要求。
- 连接方式，要注意门扇与门扇中缝，检查其属于平口还是裁口，做好记录，同时压合紧密与否也是很重要的一项检查内容。
- 认可证书和检验报告、采购合同文件、供货证明等内容文件的检查。
- 产品标识、检验合格标识、铭牌、铭牌材料是否是铝质或不锈钢的，以及名牌的完整性检查等。

防火门

（续）

其他消防设施	**◆防火卷帘** →防火卷帘及与其配套的感烟和感温火灾探测器等应具有出厂合格证和符合市场准入制度规定的有效证明文件，其型号、规格及耐火性能等应符合设计要求。 →防火卷帘及配套的卷门机、控制器、于动按钮盒、温控释放装置，均应在其明显部位设置永久性标牌，并应标明产品名称、型号、规格、耐火性能及商标、生产单位（制造商）名称、厂址、出厂日期、产品编号或生产批号、执行标准等。 →防火卷帘的钢质帘面及卷门机、控制器等金属零部件的表面不应有裂纹、压坑及明显的凹凸、锤痕、毛刺等缺陷。 →防火卷帘无机纤维复合帘面，不应有撕裂、缺角、挖补、倾斜、跳线、断线、经纬纱密度明显不匀及色差等缺陷。

2 消防设施安装

（1）消防给水

消防给水

◆消防水池

→应设置于便于维护、通风良好、不结冰、不受污染的场所。

→外壁与建筑本体结构墙面或其他池壁之间的净距，要满足施工、装配和检修的需要。

→无管道的侧面，净距不宜小于0.7m。

→有管道的侧面，净距不宜小于1m，且管道外壁与建筑本体墙面之间的通道宽度不宜小于0.6m。

→设有人孔的池顶，顶板面与上面建筑本体板底的净空不应小于0.8m。

◆消防水泵分体安装

→应先安装水泵，再安装电动机。

→首先检查零件主要装配尺寸及影响装配的缺陷，清洗零件后方可进行装配。

→水泵吊装可用起重机或三脚架和倒链滑车，钢丝绳系在泵体吊环上，水泵就位后找正找平。

→小型水泵的找正，一般用水平尺放在水泵轴上测量轴向水平，放在水泵进（出）口垂直法兰面上测量径向水平。

→大型水泵则采用水准仪和吊线法找正。

（续）

消防给水

◆消防水泵整体安装

- 首先，清除泵座底面上的油腻和污垢，将水泵吊装放置在水泵基础上。
- 其次，通过调整水泵底座与基础之间的垫铁厚度，使水泵底座找正找平。
- 再次，对水泵的轴线、进出水口中心线进行检查和调整。
- 最后进行泵体固定，用水泥砂浆浇灌地脚螺栓孔，待水泥砂浆凝固后，找平泵座并拧紧地脚螺栓螺母。

◆消防水泵机组外轮廓面与墙和相邻机组间的间距

- 电机组容量<22kW，消防水泵相邻两个机组及机组至墙壁间的最小距离为 0. 6m。
- 22kW≤电机组容量≤55kW，消防水泵相邻两个机组及机组至墙壁间的最小距离为 0. 8m。
- 55kW<电机组容量≤255kW，消防水泵相邻两个机组及机组至墙壁间的最小距离为 1. 2m。
- 电机组容量>255kW，消防水泵相邻两个机组及机组至墙壁间的最小距离为 1. 5m。

◆消防水泵其他设置要求

- 泵房主要人行通道宽度不宜小于 1. 2m，电气控制柜前通道宽度不宜小于 1. 5m。
- 水泵机组基础的平面尺寸，有关资料如未明确，无隔振安装应较水泵机组底座四周各宽出 100~150mm；有隔振安装应较水泵隔振台座四周各宽出 150mm。
- 无隔振安装时应高出泵房地面不小于 0. 1m；有隔振安装时可高出泵房地面不小于 0. 05m。泵房内管道管外底距地面的距离：当管径 DN≤150mm 时，不应小于 0. 2m；当管径 DN≥200mm 时，不应小于 0. 25m。
- 水泵吸水管水平段偏心大小头应采用管顶平接，避免产生气囊和漏气现象。

（续）

消防给水	**◆消防水泵控制柜** →基座的水平度误差不应超过±2mm，并应做防腐处理，采取防水措施。 →控制柜与基座采用不应小于 ϕ12mm 的螺栓固定，每只柜不应少于4只螺栓。 →做控制柜的上下进出线口时，不应破坏控制柜的防护等级。 **◆气压水罐** →有效容积、气压、水位及设计压力应符合设计要求。 →安装位置和间距、进水管及出水管方向应符合设计要求。 →宜设置有效水容积指示器。 →安装时其四周要设检修通道，其宽度不宜小于0.7m，消防气压给水设备顶部至楼板或梁底的距离不宜小于0.6m；消防稳压罐的布置应合理、紧凑。 →设置在非采暖房间时，应采取有效措施防止结冰。 **◆稳压泵** →型号、规格、流量和扬程应符合设计要求，并应有产品合格证和安装使用说明书。 →满足《给水排水构筑物工程施工及验收规范》（GB 50141—2008）、《机械设备安装工程施工及验收通用规范》（GB 50231—2009）、《风机、压缩机、泵安装工程施工及验收规范》（GB 50275—2010）相关要求。 →考虑排水的要求。 **◆消防水泵接合器安装顺序** →组装式水泵接合器的安装，应按接口、本体、连接管、止回阀、安全阀、放空管、控制阀的顺序进行。 →止回阀的安装方向应使消防用水能从水泵接合器进入系统。 →整体式水泵接合器的安装按其使用安装说明书进行。

（续）

消防给水

◆水泵接合器接口

→位置应方便操作。

→安装在便于消防车接近的人行道或非机动车行驶地段。

→距室外消火栓或消防水池的距离宜为 15~40m。

◆墙壁水泵接合器

→应符合设计要求。

→设计无要求时，其安装高度距地面宜为 0.7m。

→设计无要求时，与墙面上的门、窗、孔、洞的净距离不应小于 2m。

→不应安装在玻璃幕墙下方。

◆地下水泵接合器

→应使进水口与井盖底面的距离不大于 0.4m，且不应小于井盖的半径。

→井内应有足够的操作空间并应做好防水和排水措施，防止地下水渗入。

→寒冷地区井内应做防冻保护。

→不应安装在玻璃幕墙下方。

◆水泵接合器与给水系统之间

→不应设置除检修阀门以外的其他阀门。

→检修阀门应在水泵接合器周围就近设置，且应保证便于操作。

（2）消火栓系统

消火栓系统

◆管道

- 应根据设计要求使用管材，按压力要求选用管材。
- 管道在焊接前应清除接口处的浮锈、污垢及油脂。
- 室外消火栓安装前，管件内外壁均涂沥青冷底子油两遍，外壁须另加热沥青两遍、面漆一遍，埋入土中的法兰盘接口涂沥青冷底子油两遍，外壁须另加热沥青两遍、面漆一遍，并用沥青麻布包严，消火栓井内铁件也应涂热沥青防腐。

◆室外消火栓

- 安装位于人行道沿上 1m 处，采用钢制双盘短管调整高度，做内外防腐。
- 地上式室外消火栓安装时，消火栓顶距地面高为 0. 64m，立管应垂直、稳固，控制阀门井距消火栓不应超过 1. 5m，消火栓弯管底部应设支墩或支座。
- 地下式室外消火栓应安装在消火栓井内，消火栓井一般用 MU7. 5 红砖、M7. 5 水泥砂浆砌筑。消火栓井内径不应小于 1. 5m。井内应设爬梯以方便阀门的维修。
- 与主管连接的三通或弯头下部位应带底座，底座应加垫混凝土支墩，支墩与三通、弯头底部用 M7. 5 水泥砂浆抹成八字托座。
- 消火栓井内供水主管底部距井底不应小于 0. 2m，消火栓顶部至井盖底距离应不小于 0. 2m，冬季室外温度低于−20℃的地区，地下消火栓井口须做保温处理。
- 安装地上式室外消火栓时，其放水口应用粒径为 20~30mm 的卵石做渗水层，铺设半径为 500mm，铺设厚度自地面下 100mm 至槽底。铺设渗水层时，应保护好放水弯头，以免损坏。

（续）

消火栓系统	◆**室内消火栓管道** →管子公称直径≤100mm 时，应采用螺纹连接。 →管子公称直径>100mm 时，可采用焊接或法兰连接。 →连接后均不得减少管道的通水横断面面积。 →必须按图样设计要求的轴线位置和标高进行定位放线。安装顺序一般是主干管、干管、分支管、横管、垂直管。 →室内与走廊必须按图样设计要求的天花高度，首先让主干管紧贴梁底走管，干管、分支管紧贴梁底或楼板底走管，横管、垂直管根据图样及结合现场实际情况按规范布置，尽量做到美观合理。 →管井的消防立管安装采用从下至上的安装方法，即管道从管井底部逐层驳接安装，直至立管全部安装完，并且固定至各层支架上。 →管道穿梁及地下室剪力墙、水池等，应装设预埋套管。 →当管道壁厚≤4mm、直径≤50mm 时应采用气焊；壁厚≥4.5mm、直径>70mm 时采用电焊。 →不同管径的管道焊接，连接时如两管径相差不超过小管径的15%，可将大管端部缩口与小管对焊。如果两管相差超过小管径的 15%，应采用变径管件焊接。 →管道对口焊缝上不得开口焊接支管，焊口不得安装在支吊架位置上。 →管道穿墙处不得有接口；管道穿过伸缩缝处应有抗变形措施。 →碳素钢管开口焊接时要错开焊缝，并使焊缝朝向易观察和维修的方向。 →管道焊接时先点焊三点以上，然后检查预留口位置、方向、变径等无误后，找直、找正再焊接，紧固卡件，拆掉临时固定件。 →安装完毕后，应对其进行强度试验、冲洗和严密性试验。

（续）

消火栓系统	◆室内消火栓栓体及配件 →消火栓支管要以栓阀的坐标、标高来定位，然后稳固消火栓箱，箱体找正稳固后再把栓阀安装好，当栓阀侧装在箱内时应在箱门开启的一侧，箱门开关应灵活。 →消火栓箱体安装在轻体隔墙上应有加固措施。 →箱体配件安装应在交工前进行。 →消防水带应折好放在挂架上或卷实、盘紧放在箱内；消防水枪要竖放在箱体内侧，自救式水枪和软管应放在挂卡上或放在箱底部。 →消防水带与水枪、快速接头的连接，一般用 14 号铅丝绑扎两道，每道不少于两圈，使用卡箍时，在里侧加一道铅丝。设有电控按钮时，应注意与电气专业配合施工。 →管道支架、吊架的安装间距、材料选择，必须严格按照规定要求和施工图的规定，接口缝距支、吊连接缘不应小于 50mm，焊缝不得放在墙内。 →阀门的安装应紧固、严密，与管道中心垂直，操作机构灵活准确。

（3）自动喷水灭火系统

自动喷水灭火系统	◆喷头 →采用专用工具，严禁利用喷头的框架施拧。 →喷头的框架、溅水盘产生变形或释放原件损伤的，应采用型号、规格相同的喷头进行更换。 →安装时，不得对喷头进行拆装、改动，严禁在喷头上附加任何装饰性涂层。

（续）

自动喷水灭火系统	→直立型喷头连接 DN25mm 短立管或者直接向上直立安装于配水支管上。 →下垂型喷头连接 DN25mm 短立管或者直接下垂安装于配水支管上。 →边墙型喷头根据选定的型号、规格，水平安装于顶棚（吊顶）下的边墙上，或者直立向上、下垂安装于顶棚下。 →干式喷头连接于特殊的短立管上，根据其保护区域结构特征和喷头型号、规格，直立向上、下垂或者水平安装于配水支管上，短立管入口处设置密封件，阻止水流在喷头动作前进入立管。 →嵌入式喷头、隐蔽式喷头安装时，喷头根部螺纹及其部分或者全部本体嵌入吊顶护罩内，喷头下垂安装于配水支管上。 →齐平式喷头安装时，喷头根部螺纹及其部分本体下垂安装于吊顶内配水支管上，部分或者全部热敏元件随部分喷头本体安装于吊顶下。 →喷头安装在易受机械损伤处，加设喷头防护罩。 →当喷头的公称直径小于 10mm 时，在系统配水干管、配水管上安装过滤器。 →当喷头溅水盘高于附近梁底或者高于宽度小于 1.2m 的通风管道、排管、桥架腹面时，喷头溅水盘高于梁底、通风管道、排管、桥架腹面的最大垂直距离应符合规定。 →梁、通风管道、排管、桥架宽度大于 1.2m 时，在其腹面以下部位增设喷头。当增设的喷头上方有孔洞、缝隙时，可在喷头的上方设置挡水板。 →喷头安装在不到顶的隔断附近时，喷头与隔断的水平距离和最小垂直距离应符合规定。

（续）

自动喷水灭火系统	**◆喷头的位置、间距** →按照消防设计文件要求确定喷头的位置、间距。 →根据土建工程中吊顶、顶板、门、窗、洞口或者其他障碍物以及仓库的堆垛、货架设置等实际情况。 →适当调整喷头位置，以符合自动喷水灭火系统设计参数中关于建筑最大净空高度、作用面积和仓库内喷头设置等技术参数，以及喷头溅水盘与吊顶、门、窗、洞口或者障碍物的距离要求。 **◆附件** →压力表安装在报警阀上便于观测的位置。 →排水管和试验阀安装在便于操作的位置。 →水源控制阀安装在便于操作的位置，且设有明显的开、关标识和可靠的锁定设施。 →水力警铃安装在公共通道或者值班室附近的外墙上，并安装检修、测试用的阀门。 →水力警铃和报警阀的连接，采用热镀锌钢管，当镀锌钢管的公称直径为20mm时，其长度不宜大于20m。 →安装完毕的水力警铃启动时，警铃声强度应不低于70dB。 →系统管网试压和冲洗合格后，排气阀安装在配水干管顶部、配水管的末端。 **◆湿式报警阀组** →报警阀前后的管道能够快速充满水；压力波动时，水力警铃不发生误报警。 →过滤器安装在报警水流管路上，其位置在延迟器前，且便于排渣操作。

（续）

自动喷水灭火系统

湿式报警阀组

◆干式报警阀组

- 安装在不发生冰冻的场所。
- 安装完成后，向报警阀气室注入高度为 50~100mm 的清水。
- 充气连接管路的接口安装在报警阀气室充注水位以上部位，充气连接管道的直径不得小于 15mm；止回阀、截止阀安装在充气连接管路上。
- 按照消防设计文件要求安装气源设备，符合现行国家相关技术标准的规定。
- 安全排气阀安装在气源与报警阀组之间，靠近报警阀组一侧。
- 加速器安装在靠近报警阀的位置，设有防止水流进入加速器的措施。
- 低气压预报警装置安装在配水干管一侧。
- 报警阀充水一侧和充气一侧、空气压缩机的气泵和贮气罐以及加速器等部位分别安装监控用压力表。
- 管网充气压力符合消防设计文件的规定值。

干式报警阀组

（续）

自动喷水灭火系统

◆雨淋报警阀组

- 雨淋报警阀组可采用电动开启、传动管开启或手动开启等控制方式，手动开启控制装置安装在安全可靠的位置，水传动管的安装参照湿式系统的有关要求布置喷头。
- 需要充气的预作用系统的雨淋报警阀组，按照干式报警阀组有关要求进行安装。
- 按照消防设计文件要求，在便于观测和操作的位置，设置雨淋阀组的观测仪表和操作阀门。
- 按照消防设计文件要求，确定雨淋报警阀组手动开启装置的安装位置，以便发生火灾时能安全开启、便于操作。
- 压力表安装在雨淋阀的水源一侧。

雨淋报警阀组

（续）

自动喷水灭火系统

◆预作用装置

- 系统主供水信号蝶阀、雨淋报警阀、湿式报警阀等集中垂直安装在被保护区附近且最低环境温度不低于4℃的室内。
- 在湿式报警阀的平直管段上开孔接管，与由低气压开关、空气压缩机、电接点压力表等空气维持装置相连接。
- 系统放水阀、电磁阀、手动快开阀、水力警铃、补水漏斗等部位设置排水设施，排水设施能够将系统出水排入排水管道。
- 将雨淋报警阀上的压力开关、电磁阀、信号蝶阀引出线以及空气维持装置上的气压压力开关、电接点压力表引出线分别与消防控制中心控制线路相连接。
- 水力警铃按照湿式自动喷水灭火系统的要求进行安装。
- 安装完毕后，将雨淋报警阀组的防复位手轮转至防复位锁止位置，手轮上红点对准标牌上的锁止位置，使系统处于伺应状态。

电接点压力表

预作用装置

（续）

自动喷水灭火系统	**◆水流指示器** →水流指示器桨片、膜片竖直安装在水平管道上侧，其动作方向与水流方向一致。 →水流指示器安装后，其桨片、膜片动作灵活，不得与管壁发生碰擦。 →同时使用信号阀和水流指示器控制的自动喷水灭火系统，信号阀安装在水流指示器前的管道上，与水流指示器间的距离不小于300mm。 **◆压力开关** →压力开关竖直安装在通往水力警铃的管道上，安装中不得拆装改动。 →按照消防设计文件或者厂家提供的安装图样安装管网上的压力控制装置。 **◆引出线** →压力开关、信号阀、水流指示器的引出线采用防水套管锁定，采用观察检查进行技术检测。

（4）水喷雾灭火系统

水喷雾灭火系统	**◆喷头** →应在系统试压、冲洗合格后进行。 →安装时，不得对喷头进行拆装、改动，并严禁给喷头附加任何装饰性涂层。 →安装应使用专用扳手，严禁利用喷头的框架施拧，喷头的框架、溅水盘产生变形或释放原件损伤时，应采用型号和规格相同的喷头更换。 →安装前检查喷头的型号、规格及使用场所，均应符合设计要求。

（续）

水喷雾灭火系统

◆报警阀组安装顺序

→先安装水源控制阀、报警阀，然后进行报警阀辅助管道的连接，水源控制阀、报警阀与配水干管的连接，应使水流方向一致。

→报警阀组安装的位置应符合设计要求；当设计无要求时，宜靠近保护对象附近并便于操作的地点。

→距室内地面高度宜为1.2m，两侧与墙的距离不应小于0.5m，正面与墙的距离不应小于1.2m；报警阀组凸出部位之间的距离不应小于0.5m。

→安装报警阀组的室内地面应有排水设施。

◆报警阀组安装注意事项

→报警阀组可采用电动开启、传动管开启或手动开启，开启控制装置的安装应安全可靠。水传动管的安装应符合湿式自动喷水灭火系统有关要求。

→报警阀组的观测仪表和操作阀门的安装位置应便于观测和操作。

→报警阀组手动开启装置的安装位置应在发生火灾时能安全开启和便于操作。

→压力表应安装在报警阀的水源一侧。

（5）细水雾灭火系统

细水雾灭火系统

◆喷头

- 应根据设计文件逐个核对其生产厂标识、型号、规格和喷孔方向。
- 不得对喷头做拆装、改动，并严禁给喷头附加任何装饰性涂层。
- 安装高度、间距，与吊顶、门、窗、洞口或障碍物的距离应符合设计的要求。
- 不带装饰罩的喷头，其连接管管端螺纹不应露出吊顶；带装饰罩的喷头应紧贴吊顶。
- 带有外置式过滤网的喷头，其过滤网不应伸入支干管内。
- 喷头与管道的连接宜采用端面密封或O形圈密封，不应采用聚四氟乙烯、麻丝、黏结剂等作为密封材料。
- 安装在易受机械损伤处的喷头，应加设喷头保护罩。

◆阀组

- 应符合《工业金属管道工程施工规范》（GB 50235—2010）的相关规定。
- 观测仪表和操作阀门的安装位置应符合设计要求，应避免机械、化学或其他损伤，并便于观测、操作、检查和维护。
- 阀组上的启闭标志应便于识别。
- 前后管道、瓶组支撑架、电控箱应固定牢固，不得晃动。
- 分区控制阀的安装高度宜为1.2~1.6m，操作面与墙或其他设备的距离不应小于0.8m，并应满足操作要求。
- 分区控制阀开启控制装置的安装应安全可靠。

（续）

细水雾灭火系统	◆其他组件 →在管网压力可能超越系统或系统组件最大额定工作压力的情况下，应在适当的位置安装压力调节阀。阀门应在系统压力达到95%系统组件最大额定工作压力时开启。 →应在压力调节阀的两侧、供水设备的压力侧、自动控水阀门的压力侧安装压力表。压力表的测量范围应为1.5~2倍的系统工作压力。 →当供给细水雾灭火系统的压缩气体压力大于系统的设计工作压力时，应安装压缩气体泄压调压阀门。阀门的设定值由制造商设定，且应有防止误操作的措施和正确操作的永久标识。 →闭式系统试水阀的安装位置应便于检查、试验。 →细水雾灭火系统的控制线路布置、防护，与系统联动的火灾自动报警系统和其他联动控制装置的安装等均应符合《火灾自动报警系统施工及验收标准》（GB 50166—2019）的规定。

（6）气体灭火系统

气体灭火系统	◆灭火剂贮存装置 →安装位置要符合设计文件的要求。 →安装后，泄压装置的泄压方向不应朝向操作面。低压二氧化碳灭火系统的安全阀要通过专用的泄压管接到室外。 →贮存装置上压力计、液位计、称重显示装置的安装位置应便于人员观察和操作。 →贮存容器和集流管应采用支（框）架固定，固定应牢靠，并做防腐处理。 →贮存容器宜涂红色油漆，正面应标明设计规定的灭火剂名称和贮存容器的编号。 →安装集流管前应检查内腔，确保清洁。 →集流管上的泄压装置的泄压方向不应朝向操作面。 →连接贮存容器与集流管间的单向阀的流向指示箭头应指向介质流动方向。

（续）

气体灭火系统

气体灭火剂贮存装置

◆选择阀及信号反馈装置

- 选择阀操作手柄安装在操作面一侧，当安装高度超过 1.7m 时应采取便于操作的措施。
- 采用螺纹连接的选择阀，其与管网连接处宜采用活接。
- 选择阀的流向指示箭头要指向介质流动方向。
- 选择阀上要设置标明防护区或保护对象名称或编号的永久性标志牌，并应便于观察。
- 信号反馈装置的安装应符合设计要求。

◆拉索式机械驱动装置

- 拉索除必要外露部分外，应采用经内外防腐处理的钢管防护。
- 拉索转弯处应采用专用导向滑轮。
- 拉索末端拉手应设在专用的保护盒内。
- 拉索套管和保护盒应固定牢靠。

（续）

气体灭火系统

◆重力式机械驱动装置

→应保证重物在下落行程中无阻挡，其下落行程要保证驱动所需距离，且不小于25mm。

◆电磁驱动装置

→电磁驱动装置驱动器的电气连接线要沿固定灭火剂贮存容器的支架、框架或墙面固定。

◆气动驱动装置

→驱动气瓶的支架、框架或箱体应固定牢靠，并做防腐处理。

→驱动气瓶上应有标明驱动介质名称、对应防护区或保护对象名称或编号的永久性标识，并应便于观察。

◆气动驱动装置的管道

→管道布置应符合设计要求。

→竖直管道应在其始端和终端设防晃支架或采用管卡固定。

→水平管道应采用管卡固定。管卡的间距不宜大于0.6m。转弯处应增设1个管卡。

→气动驱动装置的管道安装后，要进行气压严密性试验。

◆灭火剂输送管道螺纹连接

→管材宜采用机械切割。

→螺纹不得有缺纹、断纹等现象。

→螺纹连接的密封材料应均匀附着在管道的螺纹部分，拧紧螺纹时，不得将填料挤入管道内。

→安装后的螺纹根部应有2~3条外露螺纹；连接后，应将连接处外部清理干净并进行防腐处理。

（续）

气体灭火系统

◆灭火剂输送管道法兰连接

→衬垫不得凸入管内，其外边缘宜接近螺栓，不得放双垫或偏垫。

→连接法兰的螺栓，直径和长度应符合标准，拧紧后，凸出螺母的长度不应大于螺杆直径的1/2且应有不少于2条外露螺纹。

→已做防腐处理的无缝钢管不宜采用焊接连接，与选择阀等个别连接部位需采用法兰焊接连接时，要对被焊接损坏的防腐层进行二次防腐处理。

◆安装套管

→管道穿越墙壁、楼板处要安装套管。

→套管公称直径比管道公称直径至少应大2级。

→穿越墙壁的套管长度应与墙厚相等。

→穿越楼板的套管长度应高出地板50mm。

→管道与套管间的空隙应采用防火封堵材料填塞密实。

→当管道穿越建筑物的变形缝时，要设置柔性管段。

◆管道支架、吊架

→管道应固定牢靠，管道支架、吊架之间的最大间距应符合相关规定。

→管道末端应采用防晃支架固定，支架与末端喷嘴间的距离不应大于500mm。

→公称直径≥50mm的主干管道，垂直方向和水平方向至少应各安装一个防晃支架。

→当管道穿过建筑物楼层时，每层应设一个防晃支架。当水平管道改变方向时，应增设防晃支架。

（续）

气体灭火系统	◆灭火剂输送管道的其他安装规定 →要进行强度试验： 将压力升至试验压力后保压5min。 管道各连接处应无明显滴漏，目测管道应无变化。 →要进行严密性试验： 加压介质可采用空气或氮气。 试验压力为水压强度试验压力的2/3。 试验时应将压力升至试验压力，关断试验气源后，3min内压力降不应超过试验压力的10%。 用涂刷肥皂水等方法检查防护区外的管道连接处，应无气泡产生。 →在水压强度试验合格后或气压严密性试验前，应进行吹扫。 →管道的外表面宜涂红色油漆。 →在吊顶内、活动地板下等隐蔽场所内的管道，可涂红色油漆色环，色环宽度不应小于50mm。

（7）泡沫灭火系统

泡沫灭火系统	◆泡沫液贮罐安装的一般要求 →安装泡沫液贮罐时，要考虑为日后操作、更换和维修泡沫液贮罐以及罐装泡沫液提供便利条件。 →泡沫液贮罐周围要留有满足检修需要的通道，其宽度不宜小于0.7m，且操作面不宜小于1.5m。 →当泡沫液贮罐上的控制阀距地面高度大于1.8m时，需要在操作面处设置操作平台或操作凳。

泡沫灭火系统

◆常压泡沫液贮罐

→现场制作的常压钢质泡沫液贮罐，泡沫液管道出液口不能高于泡沫液贮罐最低液面 1m，泡沫液管道吸液口距泡沫液贮罐底面不应小于 0.15m，且最好做成喇叭口形。

→现场制作的常压钢质泡沫液贮罐需要进行严密性试验，试验压力为贮罐装满水后的静压力，试验时间不能小于 30min，目测不能有渗漏。

→现场制作的常压钢质泡沫液贮罐内、外表面需要按设计要求进行防腐处理，防腐处理要在严密性试验合格后进行。

→符合设计要求，当设计无要求时，要根据其形状按立式或卧式安装在支架或支座上，支架要与基础固定，安装时不能损坏其贮罐上的配管和附件。

→常压钢质泡沫液贮罐罐体与支座接触部位的防腐要符合设计要求，当设计无要求时，要按加强防腐层的做法施工。

◆泡沫液压力贮罐

→泡沫液压力贮罐上设有槽钢或角钢焊接的固定支架，安装时，采用地脚螺栓将支架与地面上混凝土浇筑的基础牢固固定。

→附件在安装时不得随意拆卸或损坏，尤其是安全阀更不能随便拆动，安装时出口不能朝向操作面，否则影响安全使用。

→现场制作的常压钢质泡沫液贮罐内、外表面需要按设计要求进行防腐处理，防腐处理要在严密性试验合格后进行。

→对于设置在露天的泡沫液压力贮罐，需要根据环境条件采取防晒、防冻和防腐等措施。

（续）

泡沫灭火系统

◆泡沫比例混合器（装置）安装的一般要求

→安装时，要使泡沫比例混合器（装置）的标注方向与液流方向一致。

→泡沫比例混合器（装置）与管道连接处的安装要保证严密，不能有渗漏，否则会影响混合比。

◆环泵式比例混合器

→环泵式比例混合器的进口要与水泵的出口管段连接。

→环泵式比例混合器的出口要与水泵的进口管段连接。

→环泵式比例混合器的进泡沫液口要与泡沫液贮罐上的出液口管段连接。

→环泵式比例混合器安装标高的允许偏差为±10mm。

→备用的环泵式比例混合器需要并联安装在系统上，并要有明显的标识。

环泵式比例混合器

（续）

◆压力式比例混合装置

→压力式比例混合装置要整体安装。

→安装时压力式比例混合装置要与基础固定牢固。

压力式比例混合装置

◆平衡式比例混合装置

→整体平衡式比例混合装置安装时需要整体竖直安装在压力水的水平管道上，并在水和泡沫液进口的水平管道上分别安装压力表。

→压力表与平衡式比例混合装置进口处的距离不宜大于0.3m。

→分体平衡式比例混合装置的平衡压力流量控制阀和比例混合器是分开设置的，流量调节范围相对要大一些，其平衡压力流量控制阀要竖直安装。

→水力驱动平衡式比例混合装置的泡沫液泵要水平安装，安装尺寸和管道的连接方式需要符合设计要求。

（续）

泡沫灭火系统

平衡式比例混合装置

◆管线式比例混合器

→管线式比例混合器的安装位置要靠近贮罐或防护区。

→为保证管线式比例混合器能够顺利吸入泡沫液，使混合比维持在正常范围内，比例混合器的吸液口与泡沫液贮罐或泡沫液桶最低液面的高度差不得大于1m。

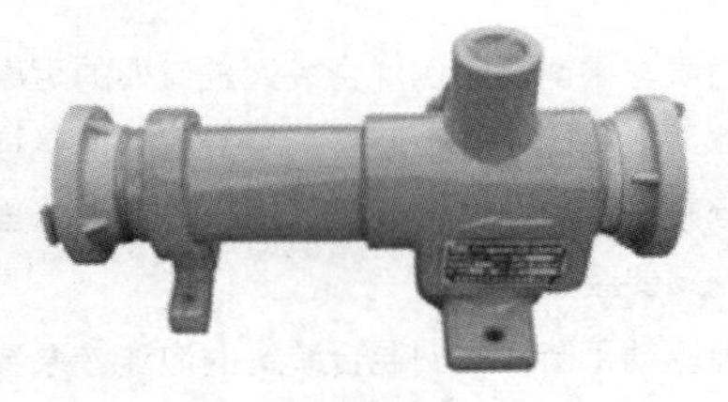

管线式比例混合器

（续）

泡沫灭火系统	**◆阀门** →泡沫混合液管道采用的阀门需要按相关标准进行安装，阀门要有明显的启闭标识。 →具有遥控、自动控制功能的阀门，其安装要符合设计要求。 →当设置在有爆炸和火灾危险的环境时，要按照《电气装置安装工程：爆炸和火灾危险环境电气装置施工及验收规范》（GB 50257—2014）的规定安装。 →液下喷射和半液下喷射泡沫灭火系统泡沫管道进贮罐处设置的钢质明杆闸阀和止回阀需要水平安装，其止回阀上标注的方向要与泡沫的流动方向一致。 →高倍数泡沫产生器进口端泡沫混合液管道上设置的压力表、管道过滤器、控制阀一般要安装在水平支管上。 →泡沫混合液管道上设置的自动排气阀要在系统试压、冲洗合格后立式安装。 →连接泡沫产生装置的泡沫混合液管道上的控制阀，要安装在防火堤外压力表接口外侧，并有明显的启闭标识。 →泡沫混合液管道设置在地上时，控制阀的安装高度一般控制在1.1~1.5m，当环境温度为0℃及以下的地区采用铸铁控制阀时，若管道设置在地上，铸铁控制阀要安装在立管上。 →若管道埋地或在地沟内设置，铸铁控制阀要安装在阀门井内或地沟内，并需要采取防冻措施。 →贮罐区固定式泡沫灭火系统同时又具备半固定系统功能时，需要在防火堤外泡沫混合液管道上安装带控制阀和带闷盖的管牙接口。 →泡沫混合液立管上设置的控制阀，其安装高度一般在1.1~1.5m，并需要设置明显的启闭标识；当控制阀的安装高度大于1.8m时，需要设置操作平台或操作凳。 →消防泵的出液管上设置的带控制阀的回流管，须符合设计要求，控制阀的安装高度距地面一般在0.6~1.2m。 →管道上的放空阀要安装在最低处，以利于最大限度地排空管道内的液体。

（续）

泡沫灭火系统	◆泡沫消火栓 →泡沫混合液管道上设置的泡沫消火栓的型号、规格、数量、位置、安装方式、间距要符合设计要求。 →室外管道选用地上式泡沫消火栓或地下式泡沫消火栓，室内管道选用室内泡沫消火栓或消火栓箱。 →地上式泡沫消火栓要垂直安装，地下式泡沫消火栓要安装在消火栓井内的泡沫混合液管道上。 →地上式泡沫消火栓的大口径出液口要朝向消防车道。 →地下式泡沫消火栓要有明显永久性标识。 →地下式泡沫消火栓顶部与井盖底面的距离不得大于0.4m，且不小于井盖半径。 →室内泡沫消火栓的栓口方向宜向下或与设置泡沫消火栓的墙面成90°，栓口离地面或操作基面的高度一般为1.1m，允许偏差为±20mm，坐标的允许偏差为20mm。 →泡沫泵站内或站外附近泡沫混合液管道上设置的泡沫消火栓，要符合设计要求。  泡沫消火栓

（续）

泡沫灭火系统

◆低倍数泡沫产生器

- 液上喷射泡沫产生器要根据产生器的类型安装，并符合设计要求。
- 横式泡沫产生器要水平安装在固定顶贮罐罐壁的顶部或外浮顶贮罐罐壁顶部的泡沫导流罩上。
- 立式泡沫产生器要垂直安装在固定顶贮罐罐壁的顶部或外浮顶贮罐罐壁顶部的泡沫导流罩上。
- 水溶性液体贮罐内泡沫溜槽的安装要沿罐壁内侧螺旋下降到距罐底1~1.5m处，溜槽与罐底平面夹角一般为30°~45°。
- 泡沫降落槽要垂直安装，其垂直度允许偏差为降落槽高度的5%，且不超过30mm，坐标允许偏差为25mm，标高允许偏差为±20mm。
- 液下及半液下喷射的高背压泡沫产生器要水平安装在防火堤外的泡沫混合液管道上。
- 在高背压泡沫产生器进口侧设置的压力表接口要竖直安装；其出口侧设置的压力表、背压调节阀和泡沫取样口的安装尺寸要符合设计要求，环境温度为0℃及以下的地区，背压调节阀和泡沫取样口上的控制阀须选用钢质阀门。
- 液下喷射泡沫产生器或泡沫导流罩沿罐周均匀布置时，其间距偏差一般不大于100mm。
- 外浮顶贮罐泡沫喷射口设置在浮顶上时，泡沫混合液支管要固定在支架上，泡沫喷射口T形管的横管要水平安装，伸入泡沫堰板后要向下倾斜30°~60°。
- 泡沫喷射口设置在罐壁顶部、密封或挡雨板上方时，泡沫堰板要高出密封0.2m以上。
- 泡沫喷射口设置在金属挡雨板下部时，泡沫堰板的高度不应低于0.3m。

（续）

泡沫灭火系统	→泡沫堰板和罐壁之间的距离要大于0.6m。 →泡沫堰板的最低部位设置排水孔的数量和尺寸要符合设计要求，并沿泡沫堰板周长均布，其间距偏差不宜大于20mm。其中排水孔的开孔面积按1m^{2}环形面积280mm^{2}确定，且排水孔高度不宜大于9mm。 →泡沫堰板与罐壁的距离要不小于0.55m，泡沫堰板的高度要不低于0.5m。 →当一个贮罐所需的高背压泡沫产生器并联安装时，需要将其并列固定在支架上。 →半液下泡沫喷射装置需要整体安装在泡沫管道进入贮罐处设置的钢质明杆闸阀与止回阀之间的水平管道上，并采用扩张器（伸缩器）或金属软管与止回阀连接，安装时不能拆卸和损坏密封膜及其附件。  低倍数泡沫产生器 **◆中倍数泡沫产生器** →中倍数泡沫产生器的安装要符合设计要求。 →安装时不能损坏或随意拆卸附件。

（续）

泡沫灭火系统

◆高倍数泡沫产生器

- 要安装在泡沫淹没深度之上，尽量靠近保护对象，但不能受到爆炸或火焰的影响，同时安装要保证易于在防护区内形成均匀的泡沫覆盖层。
- 要保证距高倍数泡沫产生器的进气端小于或等于 0.3m 处没有遮挡物。
- 在高倍数泡沫产生器的发泡网前小于或等于 1m 处，不能有影响泡沫喷放的障碍物。
- 高倍数泡沫产生器要整体安装，不得拆卸。
- 高倍数泡沫产生器须牢固地安装在建筑物、构筑物上。
- 当泡沫产生器在室外或坑道应用时，还要采取防止风对泡沫产生器和泡沫分布产生影响的措施。

高倍数泡沫产生器

(续)

泡沫灭火系统

◆泡沫喷头

→泡沫喷头的型号、规格与选用的泡沫液的种类、泡沫混合液的供给强度和保护面积密切相关，切不可误装，一定要符合设计要求。

→泡沫喷头的安装要在系统试压、冲洗合格后进行。

→泡沫喷头的安装要牢固、规整，安装时不要拆卸或损坏喷头上的附件。

→顶部安装的泡沫喷头要安装在被保护物的上部，其坐标的允许偏差：室外安装为 15mm，室内安装为 10mm；标高的允许偏差：室外安装为±15mm，室内安装为±10mm。

→侧向安装的泡沫喷头要安装在被保护物的侧面并对准被保护物体，其距离允许偏差为 20mm。

→泡沫喷雾系统用于保护变压器时，喷头距带电体的距离要符合设计要求，并有专门的喷头指向变压器绝缘子升高座孔口。

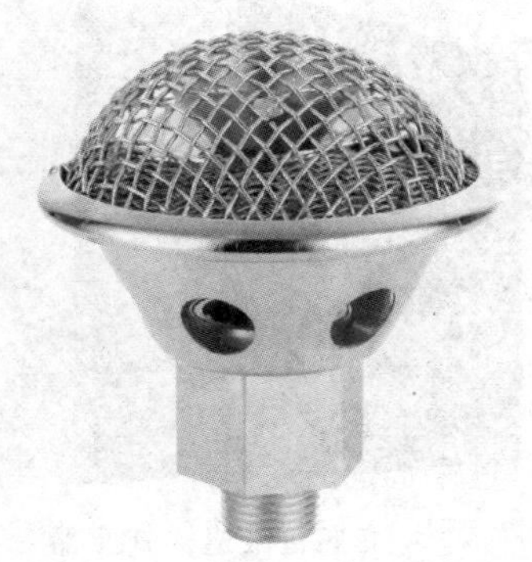

泡沫喷头

泡沫灭火系统

◆固定式泡沫炮

- 立管要垂直安装，炮口要朝向防护区，并不能有影响泡沫喷射的障碍物。
- 安装在炮塔或支架上的泡沫炮要牢固固定。固定式泡沫炮的进口压力一般在 1.0MPa 以上，流量也较大，其反作用力很大，所以安装在炮塔或支架上的固定式泡沫炮要固定牢固。
- 电动泡沫炮的控制设备、电源线、控制线的型号、规格及设置位置、敷设方式、接线等要符合设计要求。

固定式泡沫炮

◆管网、管道安装的一般要求

- 水平管道安装时要注意留有管道坡度，在防火堤内要以 0.3%的坡度坡向防火堤，在防火堤外应以 0.2%的坡度坡向放空阀，以便于管道放空，防止积水，避免在冬季冻裂阀门及管道。
- 当出现 U 形管时要有放空措施。
- 立管要用管卡固定在支架上，管卡间距不能大于 3m，以确保立管的牢固性，使其在受外力作用和自身泡沫混合液冲击时不会损坏。

（续）

泡沫灭火系统	→埋地管道安装前要做好防腐，安装时不能损坏防腐层；埋地管道采用焊接时，焊缝部位要在试压合格后进行防腐处理；埋地管道在回填前要进行隐蔽工程验收，合格后及时回填，分层夯实。 →管道安装的允许偏差要符合要求。 →管道支、吊架安装要平整牢固，管墩的砌筑必须规整，其间距要符合设计要求。 →管道穿过防火堤、防火墙、楼板时，需要安装套管。 →穿防火堤和防火墙套管的长度不能小于防火堤和防火墙的厚度。 →穿楼板套管的长度要高出楼板 50mm，底部要与楼板底面相平。 →管道与套管间的空隙需要采用防火材料封堵；管道穿过建筑物的变形缝时，要采取保护措施。 **◆泡沫管道** →液下喷射泡沫喷射管的长度和泡沫喷射口的安装高度，要符合设计要求。 →当液下喷射一个喷射口设在贮罐中心时，其泡沫喷射管要固定在支架上；当液下喷射和半液下喷射设有两个及以上喷射口，并沿罐周均匀设置时，其间距偏差不宜大于 100mm。 →半固定式系统的泡沫管道，在防火堤外设置的高背压泡沫产生器快装接口要水平安装。 →液下喷射泡沫管道上的防油品渗漏设施要安装在止回阀出口或泡沫喷射口处。 →半液下喷射泡沫管道上防油品渗漏的密封膜要安装在泡沫喷射装置的出口。安装要按设计要求进行，且不能损坏密封膜。

（续）

泡沫灭火系统	◆**泡沫液管道** →泡沫液管道冲洗及放空管道的设置要符合设计要求，当设计无要求时，要设置在泡沫液管道的最低处。 ◆**泡沫喷淋管道** →泡沫喷淋管道支、吊架与泡沫喷头之间的距离不宜小于0.3m；与末端泡沫喷头之间的距离不宜大于0.5m。 →泡沫喷淋分支管上每一直管段、相邻两泡沫喷头之间的管段设置的支、吊架均不少于一个，且支、吊架的间距不宜大于3.6m；当泡沫喷头的设置高度大于10m时，支、吊架的间距不宜大于3.2m。

(8) 干粉灭火系统

干粉灭火系统	◆**干粉贮存容器** →在安装前须核对其安装位置是否符合设计图要求，周边是否留有操作空间及维修间距。 →安装时干粉贮存容器的支座应与地面固定牢固，并做防腐处理。 →安装地点避免潮湿或高温环境，不受阳光直接照射。 →在安装时，要注意安全防护装置的泄压方向不能朝向操作面。 →压力显示装置方便人员观察和操作；阀门便于手动操作。

（续）

干粉灭火系统

◆驱动气体贮瓶

- 在安装前要检查瓶架是否固定牢固并做防腐处理。
- 检查集流管和驱动气体管道内腔，确保清洁无异物并紧固在瓶架上。
- 安装驱动气体贮瓶时，注意安全防护装置的泄压方向不能朝向操作面。
- 启动气体贮瓶和驱动气体贮瓶上压力显示装置、检漏装置的安装位置便于人员观察和操作。
- 驱动介质流动方向与减压阀、止回阀标记的方向一致。

◆干粉输送管道

- 采用螺纹连接时，管材宜采用机械切割。
- 螺纹不得有缺纹和断纹等现象。
- 螺纹连接的密封材料均匀附着在管道的螺纹部分，拧紧螺纹时，避免将填料挤入管道内。
- 安装后的螺纹根部有2~3条外露的螺纹，连接处外部清理干净并做防腐处理。
- 采用法兰连接时，衬垫不能凸入管内，其外边缘宜接近螺栓孔，不能放双垫或偏垫。拧紧后，凸出螺母的长度不能大于螺杆直径的1/2，确保有不少于2条外露的螺纹。
- 经过防腐处理的无缝钢管不宜采用焊接连接，当与选择阀等个别连接部位需采用法兰焊接连接时，要对被焊接损坏的防腐层进行二次防腐处理。
- 管道穿过墙壁、楼板处须安装套管。
- 套管公称直径比管道公称直径至少大2级，穿墙套管长度应与墙厚相等，穿楼板套管长度须高出地板50mm。
- 管道与套管间的空隙采用防火封堵材料填塞密实。当管道穿越建筑物的变形缝时，须设置柔性管段。
- 管道末端采用防晃支架固定，支架与末端喷头间的距离不大于500mm。

（续）

干粉灭火系统	**◆喷头** →在安装喷头前，须逐个核对喷头型号、规格及喷孔方向是否符合设计要求。 →当安装在吊顶下时，喷头如果没有装饰罩，其连接管的管端螺纹不能露出吊顶；如果带有装饰罩，装饰罩应紧贴吊顶安装。 →喷头在安装时还应设有防护装置，以防灰尘或异物堵塞。 →对于贮压型干粉灭火系统，当采用全淹没灭火系统时，喷头的安装高度不应大于 7m；当采用局部应用灭火系统时，喷头的安装高度不应大于 6m。 →对于贮气瓶型干粉灭火系统，当采用全淹没灭火系统时，喷头的安装高度不应大于 8m；当采用局部应用灭火系统时，喷头的安装高度不应大于 7m。 **◆减压阀** →减压阀的流向指示箭头与介质流动方向一致。 →压力显示装置安装在便于人员观察的位置。 **◆选择阀** →在操作面一侧安装选择阀操作手柄，当安装高度超过 1.7m 时，要采取便于操作的措施。 →选择阀的流向指示箭头与介质流动方向一致。 →选择阀采用螺纹连接时，其与管网连接处采用活接或法兰连接。 →选择阀上须设置标明防护区或保护对象名称（编号）的永久性标志牌。

（续）

干粉灭火系统	**◆阀驱动装置** →对于拉索式机械阀驱动装置，除必要外露部分外，拉索须采用经内外防腐处理的钢管防护；拉索转弯处应采用专用导向滑轮；拉索末端拉手须设在专用的保护盒内，且拉索套管和保护盒固定牢固。 →对于重力式机械阀驱动装置，应保证重物在下落行程中无阻挡，其下落行程应保证驱动所需距离，且不小于25mm。 →对于气动阀驱动装置，启动气体贮瓶上应永久性标明对应防护区或保护对象的名称或编号。

（9）火灾自动报警系统

火灾自动报警系统	**◆布线** →应单独布线，系统内不同电压等级、不同电流类别的线路，不应布在同一管内或线槽的同一槽孔内。 →在管内或线槽内的布线，应在建筑抹灰及地面工程结束后进行，管内或线槽内不应有积水及杂物。 →导线在管内或线槽内不应有接头或扭结。 →导线的接头应在接线盒内焊接或用端子连接。 →从接线盒、线槽等处引到探测器底座、控制设备、扬声器的线路，当采用金属软管保护时，其长度不应大于2m。 →敷设在多尘或潮湿场所管路的管口和管子连接处，均应做密封处理。

（续）

火灾自动报警系统	→管路超过下列长度时，应在便于接线处装设接线盒： ①管子长度每超过 30m，无弯曲时。 ②管子长度每超过 20m，有 1 个弯曲时。 ③管子长度每超过 10m，有 2 个弯曲时。 ④管子长度每超过 8m，有 3 个弯曲时。 →金属管子入盒，盒外侧应套锁母，内侧应装护口；在吊顶内敷设时，盒的内外侧均应套锁母。塑料管入盒应采取相应固定措施。 →明敷设各类管路和线槽时，应采用单独的卡具吊装或支撑物固定。吊装线槽或管路的吊杆直径不应小于 6mm。 →线槽敷设时，应在下列部位设置吊点或支点： ①线槽始端、终端及接头处。 ②距接线盒 0. 2m 处。 ③线槽转角或分支处。 ④直线段不大于 3m 处。 →线槽接口应平直、严密，槽盖应齐全、平整、无翘角。并列安装时，槽盖应便于开启。 →管线经过建筑物的变形缝（包括沉降缝、伸缩缝、抗震缝等）处，应采取补偿措施，导线跨越变形缝的两侧应固定，并留有适当余量。 →火灾自动报警系统导线敷设后，应用 500V 绝缘电阻表测量每个回路导线对地的绝缘电阻，且绝缘电阻值不应小于 20MΩ。 →同一工程中的导线，应根据不同用途选择不同颜色加以区分，相同用途的导线颜色应一致。电源线正极应为红色，负极应为蓝色或黑色。

（续）

火灾自动报警系统	◆控制器类设备在消防控制室内的布置 →设备面盘前的操作距离，单列布置时不应小于 1.5 m，双列布置时不应小于 2m。 →在值班人员经常工作的一面，设备面盘至墙的距离不应小于 3m。 →设备面盘后的维修距离不宜小于 1m。 →设备面盘的排列长度大于 4m 时，其两端应设置宽度不小于 1m 的通道。 →与建筑其他弱电系统合用的消防控制室，消防设备应集中设置，并应与其他设备间有明显间隔。 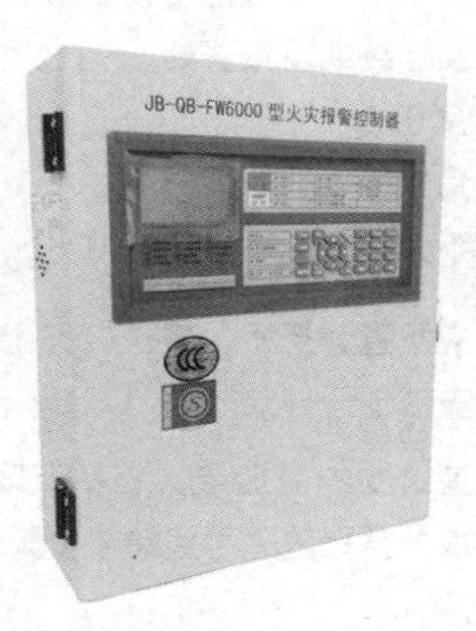 控制器 ◆控制器类设备采用壁挂方式安装 →其主显示屏高度宜为 1.5~1.8m。 →其靠近门轴的侧面距墙不应小于 0.5m，正面操作距离不应小于 1.2m。 →落地安装时，其底边宜高出地（楼）面 0.1~0.2m。

（续）

火灾自动报警系统

◆控制器的安装

- 应安装牢固，不应倾斜。
- 安装在轻质墙上时，应采取加固措施。

◆引入控制器的电缆或导线的安装

- 配线应整齐，不宜交叉，并应固定牢靠。
- 电缆芯线和所配导线的端部均应标明编号，并与图样一致，字迹应清晰且不易褪色。
- 端子板的每个接线端，接线不得超过 2 根，电缆芯线和导线应留有不小于 200mm 的余量，并应绑扎成束。
- 导线穿管或线槽后，应将管口或槽口封堵。

◆控制器的永久性标识

- 控制器的主电源应有明显的永久性标识，并应直接与消防电源连接，严禁使用电源插头。
- 控制器与其外接备用电源之间应直接连接。
- 控制器的接地应牢固，并有明显的永久性标识。

◆点型感烟、感温火灾探测器

- 探测器至墙壁、梁边的水平距离，不应小于 0. 5m。
- 探测器周围水平距离 0. 5m 内，不应有遮挡物。
- 探测器至空调送风口最近边的水平距离，不应小于 1. 5m。
- 至多孔送风顶棚孔口的水平距离，不应小于 0. 5m。
- 在宽度小于 3m 的内走道顶棚上安装探测器时，宜居中安装。
  ①点型感温火灾探测器的安装间距不应超过 10m。
  ②点型感烟火灾探测器的安装间距不应超过 15m。
  ③探测器至端墙的距离不应大于安装间距的一半。
- 探测器宜水平安装，当确实需倾斜安装时，倾斜角不应大于 45°。

（续）

火灾自动报警系统

点型感温火灾探测器

点型感烟火灾探测器

◆线型光束感烟火灾探测器

→根据设计文件的要求确定探测器的安装位置，探测器应安装牢固，并不应产生位移。

→在钢结构建筑中，发射器和接收器（反射式探测器的探测器和反射板）可设置在钢架上，但应考虑位移影响。

→发射器和接收器（反射式探测器的探测器和反射板）之间的光路上应无遮挡物，并应保证接收器（反射式探测器的探测器）避开日光和人工光源直接照射。

线型光束感烟火灾探测器

◆缆式线型感温火灾探测器

→根据设计文件的要求确定探测器的安装位置及敷设方式。
→探测器应采用专用固定装置固定在保护对象上。
→探测器应采用连续无接头方式安装，如确需中间接线，必须用专用接线盒连接；探测器安装敷设时不应硬性折弯、扭转，避免重力挤压冲击，探测器的弯曲半径宜大于0.2m。

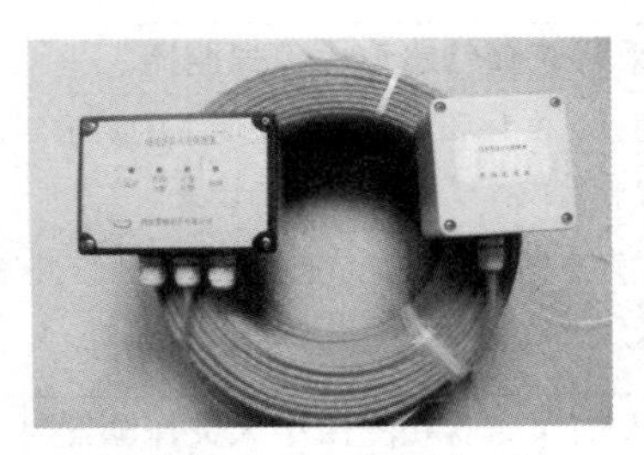

缆式线型感温火灾探测器

◆敷设在顶棚下方的线型感温火灾探测器

→探测器至顶棚距离宜为0.1m，探测器的保护半径应符合点型感温火灾探测器的保护半径要求。
→探测器至墙壁距离宜为1~1.5m。

◆分布式线型光纤感温火灾探测器

→根据设计文件的要求确定探测器的安装位置及敷设方式。
→感温光纤应采用专用固定装置固定。
→感温光纤严禁打结。
①光纤弯曲时，弯曲半径应大于0.5m。
②分布式感温光纤穿越相邻的报警区域时应设置光缆余量段，隔断两侧应各留不小于8m的余量段。
③每个光通道始端及末端光纤应各留不小于8m的余量段。

（续）

火灾自动报警系统

◆光栅光纤感温火灾探测器

→根据设计文件的要求确定探测器的安装位置及敷设方式。

→信号处理器及感温光纤（缆）的安装位置不应受强光直射。

→光栅光纤感温火灾探测器每个光栅的保护面积和保护半径应符合点型感温火灾探测器的保护面积和保护半径要求，光栅光纤感温段的弯曲半径应大于 0.3m。

◆管路采样式吸气感烟火灾探测器

→根据设计文件和产品使用说明书的要求确定探测器的管路安装位置、敷设方式及采样孔的设置。

→采样管应固定牢固，在有过梁、空间支架的建筑中，采样管路应固定在过梁、空间支架上。

◆点型火焰探测器和图像型火灾探测器

→根据设计文件的要求确定探测器的安装位置，探测器的视场角应覆盖探测区域。

→探测器与保护目标之间不应有遮挡物；应避免光源直接照射探测器的探测窗口；探测器在室外或交通隧道安装时，应有防尘、防水措施。

点型火焰探测器

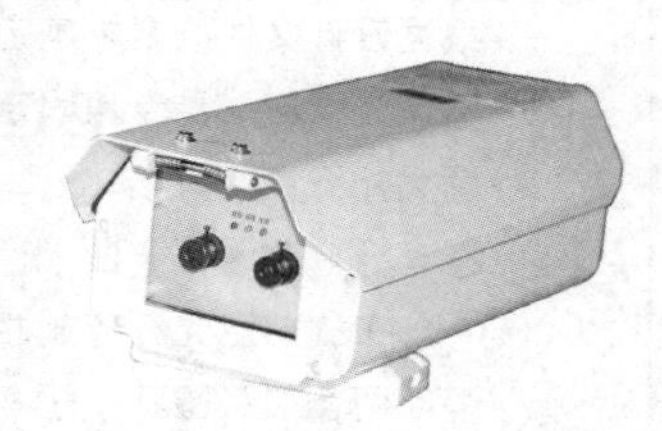

图像型火灾探测器

（续）

火灾自动报警系统

◆探测器底座的安装

- 探测器的底座应安装牢固，与导线连接必须可靠压接或焊接。
- 当采用焊接时，不应使用带腐蚀性的助焊剂。
- 探测器底座的连接导线，应留有不小于 150mm 的余量，且在其端部应有明显的永久性标识。
- 探测器底座的穿线孔宜封堵，安装完毕的探测器底座应采取保护措施。

◆其他事项

- 探测器报警确认灯应朝向便于人员观察的主要入口方向。
- 探测器在即将调试时方可安装，在调试前应妥善保管并应采取防尘、防潮、防腐蚀措施。

◆手动火灾报警按钮

- 手动火灾报警按钮应安装在明显和便于操作的部位。
- 当安装在墙上时，其底边距地（楼）面高度宜为 1.3~1.5m。手动火灾报警按钮应安装牢固，不应倾斜。
- 手动火灾报警按钮的连接导线，应留有不小于 150mm 的余量，且在其端部应有明显标识。

手动火灾报警按钮

（续）

火灾自动报警系统

◆消防电气控制装置

→消防电气控制装置在安装前应进行功能检查，检查结果不合格的装置严禁安装。

→消防电气控制装置外接导线的端部，应有明显的永久性标识。

→消防电气控制装置箱体内不同电压等级、不同电流类别的端子应分开布置，并应有明显的永久性标识。

→消防电气控制装置应安装牢固，不应倾斜；安装在轻质墙上时，应采取加固措施。

→消防电气控制装置在消防控制室内墙上安装时，其主显示屏高度宜为1.5~1.8m，其靠近门轴的侧面距墙不应小于0.5m，正面操作距离不应小于1.2m；落地安装时，其底边宜高出地（楼）面0.1~0.2m。

◆模块的安装要求

→同一报警区域内的模块宜集中安装在金属箱内。

→模块（或金属箱）应独立支撑或固定，安装牢固，并应采取防潮、防腐蚀等措施。

→隐蔽安装时，在安装处应有明显的部位显示和检修孔。

→模块的连接导线，应留有不小于150mm的余量，其端部应有明显标识。

◆消防应急广播扬声器和火灾警报器

→消防应急广播扬声器和火灾警报器宜在报警区域内均匀安装，安装应牢固可靠，表面不应有破损。

→火灾光警报器应安装在安全出口附近明显处，底边距地（楼）面高度在2.2m以上。

→光警报器与消防应急疏散指示标识不宜在同一面墙上。如安装在同一面墙上时，距离应大于1m。

（续）

火灾自动报警系统

◆消防专用电话

- 消防专用电话、电话插孔、带电话插孔的手动报警按钮宜安装在明显、便于操作的位置；当在墙面上安装时，其底边距地（楼）面高度宜为 1.3~1.5m。
- 消防专用电话和电话插孔应有明显的永久性标识。

消防专用电话

◆消防设备应急电源

- 消防设备应急电源的电池应安装在通风良好处，如安装在密封环境中应有通风措施。
- 酸性电池不得安装在带有碱性介质的场所；碱性电池不得安装在带有酸性介质的场所。
- 消防设备应急电源不应安装在有可燃气体的场所。

◆可燃气体探测器

- 根据设计文件的要求确定可燃气体探测器的安装位置。
- 在探测器周围应适当留出更换和标定的空间。
- 在有防爆要求的场所，应按防爆要求施工。
- 线型可燃气体探测器的发射器和接收器的窗口应避免日光直射，发射器与接收器之间不应有遮挡物。

（续）

<table>
<tr><td>火灾自动报警系统</td><td>

◆电气火灾监控探测器

→根据设计文件的要求确定电气火灾监控探测器的安装位置。有防爆要求的场所，应按防爆要求施工。

→剩余电流式探测器负载侧的 N 线（即穿过探测器的工作零线）不应与其他回路共用，且不能重复接地（即与 PE 线相连）；探测器周围应适当留出更换和标定的空间。

→测温式电气火灾监控探测器应采用专用固定装置固定在保护对象上。

◆系统接地要求

→交流供电和 36V 以上直流供电的消防用电设备的金属外壳应有接地保护，其接地线应与电气保护接地干线（PE 线）相连接。

→接地装置施工完毕后，应按规定测量接地电阻，并做好记录，接地电阻值应符合设计文件要求。

</td></tr>
</table>

（10）防烟排烟系统

<table>
<tr><td>防烟排烟系统</td><td>

◆风管

→风管的规格、安装位置、标高、走向应符合设计要求，现场风管的安装不得缩小接口的有效截面。

→风管接口的连接应严密、牢固，垫片厚度不应小于 3mm，不应凸入管内和法兰外；排烟风管法兰垫片应为不燃材料，薄钢板法兰风管应采用螺栓连接。

→风管支架、吊架的安装应按照《通风与空调工程施工质量验收规范》（GB 50243—2016）的有关规定执行。

→风管与风机宜采用法兰连接，或采用不燃材料的柔性短管连接。若风机仅用于防烟、排烟时，则不宜采用柔性连接。

→风管与风机连接若有转弯处，宜加装导流叶片，保证气流顺畅。

→当风管穿越隔墙或楼板时，风管与隔墙之间的空隙，应采用水泥砂浆等不燃材料严密填塞。

→吊顶内的排烟管道应采用不燃材料隔热，并应与可燃物保持不小于 150mm 的距离。

</td></tr>
</table>

（续）

防烟排烟系统

◆排烟防火阀

- 型号、规格及安装的方向、位置应符合设计要求。
- 阀门应顺气流方向关闭，防火分区隔墙两侧的排烟防火阀，距墙端面不应大于200mm。
- 手动和电动装置应灵活、可靠，阀门关闭严密。
- 应设独立的支吊架，当风管采用不燃材料防火隔热时，阀门安装处应有明显标识。

◆送风口、排烟阀（口）

- 安装位置应符合标准和设计要求，并应固定牢靠，表面平整、不变形，调节灵活。
- 排烟口距可燃物或可燃构件的距离不应小于1.5m。

◆常闭送风口、排烟阀（口）

- 手动驱动装置应固定安装在明显可见、距楼地面1.3~1.5m的便于操作的位置，预埋套管不得有死弯及瘪陷，手动驱动装置操作应灵活。

◆挡烟垂壁

- 型号、规格、下垂的长度和安装位置应符合设计要求。
- 活动挡烟垂壁与建筑结构（柱或墙）面的缝隙不应大于60mm，由两块或两块以上的挡烟垂帘组成的连续性挡烟垂壁，各块之间不应有缝隙，搭接宽度不应小于100mm。
- 活动挡烟垂壁的手动操作按钮应固定安装在距楼地面1.3~1.5m的便于操作、明显可见处。

（续）

防烟排烟系统

挡烟垂壁

◆排烟窗

- 型号、规格和安装位置应符合设计要求。
- 安装应牢固、可靠，符合有关门窗施工验收规范要求，应开启、关闭灵活。
- 手动开启机构或按钮应固定安装在距楼地面 1.3～1.5m 处，便于操作，明显可见。
- 自动排烟窗驱动装置的安装应符合设计和产品技术文件要求，应灵活、可靠。

排烟窗

（续）

防烟排烟系统

◆**风机**

- 风机的型号、规格应符合设计规定，其出口方向正确。
- 送风机的进风口不应与排烟风机的出风口设在同一面上。
- 当确有困难时，送风机的进风口与排烟风机的出风口应分开布置，且竖向布置时，送风机的进风口应设置在排烟出口的下方，其两者边缘最小垂直距离不应小于 6m；水平布置时，两者边缘最小水平距离不应小于 20m。
- 风机外壳至墙壁或其他设备的距离不应小于 600mm。
- 风机应设在混凝土或钢架基础上，且不应设置减振装置；若排烟系统与通风空调系统共用需要设置减振装置时，不应使用橡胶减振装置。
- 吊装风机的支吊架应焊接牢固、安装可靠，其结构形式和外形尺寸应符合设计或设备技术文件要求。
- 风机驱动装置的外露部位必须装设防护罩；直通大气的进、出风口必须装设防护网或采取其他安全设施，并应有防雨措施。

风机

（11）消防应急照明和疏散指示系统

消防应急照明和疏散指示系统

◆系统线路的防护方式

- 系统线路暗敷时，应采用金属管、可弯曲金属电气导管或 B1 级及以上的刚性塑料管保护。
- 系统线路明敷时，应采用金属管、可弯曲金属电气导管或槽盒保护。
- 矿物绝缘类不燃性电缆可直接明敷。

◆吊点或支点

- 各类管路明敷时，应在下列部位设置吊点或支点：
  ①管路始端、终端及接头处。
  ②距接线盒 0. 2m 处。
  ③管路转角或分支处。
  ④直线段不大于 3m 处。
- 吊杆直径不应小于 6mm。

◆管路暗敷

- 应敷设在不燃性结构内，且保护层厚度不应小于 30mm。
- 管路经过建（构）筑物的沉降缝、伸缩缝、抗震缝等变形缝处，应采取补偿措施。
- 敷设在地面上、多尘或潮湿场所管路的管口和管子连接处，均应做防腐蚀、密封处理。

(续)

消防应急照明和疏散指示系统

◆接线盒

→符合下列条件时，管路应在便于接线处装设接线盒：

①管子长度每超过 30m，无弯曲时。

②管子长度每超过 20m，有 1 个弯曲时。

③管子长度每超过 10m，有 2 个弯曲时。

④管子长度每超过 8m，有 3 个弯曲时。

◆入盒

→金属管子入盒，盒外侧应套锁母，内侧应装护口。在吊顶内敷设时，盒的内外侧均应套锁母。

→塑料管入盒应采取相应固定措施。

◆槽盒敷设

→应在下列部位设置吊点或支点，吊杆直径不应小于 6mm：

①槽盒始端、终端及接头处。

②槽盒转角或分支处。

③直线段不大于 3m 处。

◆其他

→槽盒接口应平直、严密，槽盖应齐全、平整、无翘角。并列安装时，槽盖应便于开启。

→在管内或槽盒内的布线，应在建筑抹灰及地面工程结束后进行，管内或槽盒内不应有积水及杂物。

→系统应单独布线，除设计要求外，不同回路、不同电压等级、交流与直流的线路，不应布在同一管内或槽盒的同一槽孔内。

→线缆在管内或槽盒内，不应有接头或扭结；导线应在接线盒内采用焊接、压接、接线端子可靠连接。

→在地面上、多尘或潮湿场所，接线盒和导线的接头应做防腐蚀和防潮处理；有 IP 防护等级要求的系统部件，其线路中接线盒应达到与系统部件相同的 IP 防护等级要求。

（续）

→从接线盒、管路、槽盒等处引到系统部件的线路，当采用可弯曲金属电气导管保护时，其长度不应大于2m，且金属导管应入盒并固定。

→线缆跨越建（构）筑物的沉降缝、伸缩缝、抗震缝等变形缝的两侧应固定，并留有适当余量。

→系统导线敷设结束后，应用500V兆欧表测量每个回路导线对地的绝缘电阻，且绝缘电阻值不应小于20MΩ。

◆灯具安装的一般规定

→应固定安装在不燃性墙体或不燃性装修材料上，不应安装在门、窗或其他可移动的物体上。

→安装后不应对人员正常通行产生影响，灯具周围应无遮挡物，并应保证灯具上的各种状态指示灯易于观察。

→灯具在顶棚、疏散走道或通道的上方安装时：
①照明灯可采用嵌顶、吸顶和吊装式安装。
②标志灯可采用吸顶和吊装式安装。
③室内高度大于3.5m的场所，特大型、大型、中型标志灯宜采用吊装式安装。
④灯具采用吊装式安装时，应采用金属吊杆或吊链，吊杆或吊链上端应固定在建筑构件上。

→灯具在侧面墙或柱上安装时：
①可采用壁挂式或嵌入式安装。
②安装高度距地面不大于1m时，灯具表面凸出墙面或柱面的部分不应有尖锐角、毛刺等凸出物，凸出墙面或柱面最大水平距离不应超过20mm。

→非集中控制型系统中，自带电源型灯具采用插头连接时，应采取使用专用工具方可拆卸的连接方式连接。

（续）

消防应急照明和疏散指示系统	**◆标识灯的安装** →标识灯安装时宜保证标志面与疏散方向垂直。 **◆出口标识灯** →应安装在安全出口或疏散门内侧上方居中的位置。 →受安装条件限制标识灯无法安装在门框上方时，可安装在门的两侧，但门完全开启时标识灯不应被遮挡。 →室内高度不大于3.5m的场所，标识灯底边离门框距离不应大于200mm；室内高度大于3.5m的场所，特大型、大型、中型标识灯底边距地面高度不宜小于3m，且不宜大于6m。 →采用吸顶或吊装式安装时，标识灯距安全出口或疏散门所在墙面的距离不宜大于50mm。 **◆方向标识灯** →应保证标识灯的箭头指示方向与疏散指示方向一致。 →安装在疏散走道、通道两侧的墙面或柱面上时，标识灯底边距地面的高度应小于1m。 →安装在疏散走道、通道上方时，室内高度不大于3.5m的场所，标识灯底边距地面的高度宜为2.2~2.5m；室内高度大于3.5m的场所，特大型、大型、中型标识灯底边距地面高度不宜小于3m，且不宜大于6m。 →安装在疏散走道、通道转角处的上方或两侧时，标识灯与转角处边墙的距离不应大于1m。 →安全出口或疏散门在疏散走道侧边时，在疏散走道增设的方向标识灯应安装在疏散走道的顶部，且标识灯的标识面应与疏散方向垂直，箭头应指向安全出口或疏散门。 →安装在疏散走道、通道的地面上时，标识灯应安装在疏散走道、通道的中心位置。 →标识灯的所有金属构件应采用耐腐蚀构件或做防腐处理，标识灯配电、通信线路的连接应采用密封胶密封。 →标识灯表面应与地面平行，高于地面距离不应大于3mm，标识灯边缘与地面垂直距离高度不应大于1mm。

（续）

消防应急照明和疏散指示系统

◆楼层标识灯

→楼层标识灯应安装在楼梯间内朝向楼梯的正面墙上，标识灯底边距地面的高度宜为 2.2~2.5m。

◆多信息复合标识灯

→在安全出口、疏散门附近设置的多信息复合标识灯，应安装在安全出口、疏散门附近疏散走道、疏散通道的顶部。

→标识灯的标识面应与疏散方向垂直，指示疏散方向的箭头应指向安全出口、疏散门。

◆照明灯

→宜安装在顶棚上。

→当条件限制时，照明灯可安装在走道侧面墙上，但安装高度不应距地面 1~2m。

→在距地面 1m 以下侧面墙上安装时，应保证灯具光线照射在灯具的水平线以下。

→不应安装在地面上。

◆应急照明控制器、集中电源、应急照明配电箱

→应安装牢固，不得倾斜。

→在轻质墙上采用壁挂方式安装时，应采取加固措施。

→落地安装时，其底边宜高出地（楼）面 100~200mm。

→设备在电气竖井内安装时，应采用下出口进线方式。

→设备接地应牢固，并应设置明显标识。

（续）

消防应急照明和疏散指示系统

◆应急照明控制器或集中电源的蓄电池

→需进行现场安装时，应核对蓄电池的型号、规格、容量，并应符合设计文件的规定。

→蓄电池的安装应符合产品使用说明书的要求。

→应急照明控制器主电源应设置明显的永久性标识，并应直接与消防电源连接，严禁使用电源插头。

→设备在电气竖井内安装时，应采用下出口进线方式。

→设备接地应牢固，并应设置明显标识。

◆应急照明控制器与其外接备用电源之间应直接连接

→集中电源的前部和后部应适当留出更换蓄电池的操作空间。

◆应急照明控制器、集中电源和应急照明配电箱的接线

→引入设备的电缆或导线，配线应整齐，不宜交叉，并应固定牢靠。

→线缆芯线的端部，均应标明编号，并与图样一致，字迹应清晰且不易褪色。

→端子板的每个接线端，接线不得超过 2 根。

→线缆应留有不小于 200mm 的余量。

→导线应绑扎成束。

→线缆穿管、槽盒后，应将管口、槽口封堵。

（12）城市消防远程监控系统

城市消防远程监控系统

◆用户信息传输装置

- 应设置在联网用户的消防控制室内，联网用户未设置消防控制室时，用户信息传输装置应设置在有人值班的场所。
- 在墙上安装时，其底边距地（楼）面高度宜为 1.3~1.5m，其靠近门轴的侧面距墙不应小于 0.5m，正面操作距离不应小于 1.2m。
- 落地安装时，其底边宜高出地（楼）面 0.1~0.2m。
- 应安装牢固，不应倾斜。
- 安装在轻质墙上时，应采取加固措施。

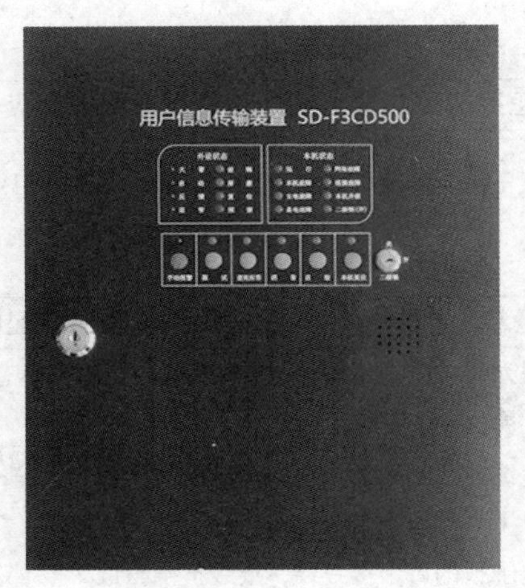

用户信息传输装置

◆引入用户信息传输装置的电缆或导线

- 配线应整齐，不宜交叉，并应固定牢靠。
- 电缆芯线和所配导线的端部，均应标明编号，并与图样一致，字迹应清晰且不易褪色。

（续）

城市消防远程监控系统

- 端子板的每个接线端，接线不得超过 2 根。
- 电缆芯线和导线，应留有不小于 200mm 的余量。
- 导线应绑扎成束。
- 导线穿管或穿线槽后，应将管口、槽口封堵。

◆用户信息传输装置的主电源

- 应有明显标识，并直接与消防电源连接，严禁使用电源插头进行连接。
- 传输装置与备用电源之间应直接连接。
- 用户信息传输装置使用的有线通信设备应根据国家有关电信技术要求安装，网间配合接口、信令等应符合国家有关技术标准。

◆其他

- 城市消防远程监控系统中监控中心的各类设备应根据实际工作环境合理布置，安装牢固，适宜使用人员的操作，并留有检查、维修的空间。
- 远程监控系统设备和线缆应设明显标识，且标识应正确、清楚。
- 远程监控系统设备连线应连接可靠、捆扎固定、排列整齐，不得有扭绞、压扁和保护层断裂等现象。

◆系统接地检查

- 在城市消防远程监控系统中的各设备金属外壳设置接地保护，其接地线应与电气保护接地干线（PE 线）相连接。
- 接地应牢固并有明显的永久性标识。
- 接地装置施工完毕后，应按规定采用专用测量仪器测量接地电阻，接地电阻应满足设计要求。

（13）其他消防设施

其他消防设施

◆防火门

→安装门框、门扇时应根据门的开启方向安装，防火门必须向疏散方向开启。

→门框距四周的墙体不宜过大，必要时应填充水泥砂浆或岩棉进行封堵。

→防火门安装时应注意其是否具备良好的密闭性。

→金属构件一律用电弧焊，焊缝要求不得有未熔化、未焊透气孔、裂缝和烧穿等缺陷。

→防火门安装应和门扇开启方向的墙面平。

→木制防火门框扇的安装同木门框扇的安装。

→防火门应比安装洞口尺寸小 20mm 左右，门框应与墙身连接牢固，空隙用耐热材料填实。

→安装应注意平直，避免锯刨，若有不可避免的锯刨，锯刨面必须涂刷防火涂料一度，安装五金部位剖凿后，在剖凿处应涂刷防火涂料一度，防火门和墙体连接应用膨胀螺栓，如用木砖必须做防火处理，防火门必须安装闭门器。

→钢筋混凝土门框的防火门扇装入门框裁口内时，应先将扇与框四周缝隙调整好，使门扇平直。

→上下门轴必须在同一垂线上，与门框预埋铁焊牢时，应校正位置，防止位移变形。

→上下插销及门闩，拉手的安装位置应准确，经试装后再行焊牢。安装完毕后应作多次开关试验，检查合格后再进行门框粉刷和五金零件涂防火漆。

（续）

其他消防设施	**◆防火卷帘门** →测量洞口标高，弹出两导轨垂线及卷筒中心线。 →将垫板电焊在预埋铁板上，用螺栓固定卷筒的左右支架，安装卷筒。 →安装减速器和传动系统。 →安装电气拴街系统。 →空载试车。 →将事先装配好的帘板安装在卷筒上。 →安装导轨。按图样规定位置，防火卷帘门安装要将两侧及上方导轨焊牢于墙体预埋件上，并焊成一体，各导轨应在同一垂直平面上。 →安装水幕喷淋系统，并与总控制系统连接。 →试车。先用手去试运行，再用电动机启闭数次，调整至无卡住、阻滞及异常。  防火卷帘门

3　消防设施检测

（1）消防给水

消防给水

◆消防水池

- 对照图样，用测量工具检查水池容量是否符合要求。
- 观察有无补水、防冻等消防用水的保证措施。
- 测量取水口的高度和位置是否符合技术要求。
- 查看溢流管、泄水管的安装位置是否正确。

◆其他水源

- 天然水源取水口、地下水井等其他消防水源的水位、出水量、有效容积、安装位置，应符合设计要求。
- 对照设计资料检查江、河、湖、海、水库和水塘等天然水源的水量、水质是否符合设计要求，验证其枯水位、洪水位和常水位的流量是否符合设计要求；地下水井的常水位、出水量等应符合设计要求。
- 给水管网的进水管管径及供水能力应符合设计要求。
- 消防水泵直接从市政管网吸水时，应测试市政供水的压力和流量能否满足设计要求的流量。

（续）

消防给水

◆**消防水泵**

- 运转应平稳，应无不良噪声和振动。
- 检查工作泵、备用泵、吸水管、出水管及出水管上泄压阀、水锤消除设施、止回阀、信号阀等的型号、规格、数量，应符合设计要求。
- 吸水管、出水管上的控制阀应锁定在常开位置，并有明显标识。
- 应采用自灌式引水或其他可靠的引水措施，并保证全部有效贮水被有效利用。
- 在阀门出口用压力表检查消防水泵停泵时，水锤消除设施后的压力不应超过水泵出口设计额定压力的 1.4 倍。
- 采用固定和移动式流量计和压力表测试消防水泵的性能，水泵性能应满足设计要求。

◆**消防水泵的分开系统**

- 每一个末端试水装置、试水阀和试验消火栓，水流指示器、压力开关、低压压力开关、高位消防水箱流量开关等信号的功能，均应符合设计要求。

◆**消防水泵的启动**

- 打开消防水泵出水管上试水阀，当采用主电源启动消防水泵时，消防水泵应启动正常。
- 关掉主电源，主、备用电源应能正常切换。
- 消防水泵就地和远程启停功能应正常，并向消防控制室反馈状态信号。
- 消防水泵启动控制应置于自动启动挡。

（续）

消防给水

◆消防水泵控制柜

→控制柜的型号、规格、数量应符合设计要求。

→控制柜的图样塑封后应牢固粘贴于柜门内侧。

→控制柜的动作应符合设计要求和有关规定。

→控制柜的质量应符合产品标准。

→主、备用电源自动切换装置的设置应符合设计要求。

消防水泵控制柜

◆气压水罐

→有效容积、调节容积应符合设计要求。

→气侧压力应符合设计要求。

（续）

消防给水	**◆稳压泵** →型号、性能等应符合设计要求。 →控制应符合设计要求，并应有防止稳压泵频繁启动的技术措施。 →在1h内的启停次数应符合设计要求，并不宜大于15次/h。 →供电应正常，自动手动启停应正常；关掉主电源，主、备用电源能正常切换。 →吸水管应设置明杆闸阀，稳压泵出水管应设置消声止回阀和明杆闸阀。  稳压泵

（2）消火栓系统

消火栓系统	**◆室外消火栓** →选型、规格、数量、安装位置应符合设计要求。 →同一建筑物内设置的室外消火栓应采用统一规格的栓口及配件。 →应设置明显的永久性固定标识。 →水量及压力应满足要求。

（续）

<table>
<tr><td>消火栓系统</td><td>

◆**室内消火栓**

→选型、规格应符合设计要求。
→同一建筑物内设置的消火栓应采用统一规格的栓口、水枪和水带及配件。
→试验用消火栓栓口处应设置压力表。
→当消火栓设置减压装置时，减压装置应符合设计要求。
→室内消火栓应设置明显的永久性固定标识。

◆**消火栓箱**

→栓口出水方向宜向下或与设置消火栓的墙面成90°角，栓口不应安装在门轴侧。
→如设计未要求，栓口中心距地面应为1.1m，且每栋建筑物应一致，允许偏差±20mm。
→阀门的设置位置应便于操作使用，阀门的中心距箱侧面为140mm，距箱后内表面为100mm，允许偏差±5mm。
→室内消火栓箱的安装应平正、牢固，暗装的消火栓箱不能破坏隔墙的耐火等级。
→消火栓箱体安装的垂直度允许偏差为±3mm。
→消火栓箱门的开启角度不应小于160°。
→不论消火栓箱的安装形式如何（明装、暗装、半暗装），不能影响疏散宽度。
</td></tr>
</table>

（3）自动喷水灭火系统

<table>
<tr><td>自动喷水灭火系统</td><td>

◆**喷头**

→经核对，喷头设置场所、型号、规格以及公称动作温度、响应时间指数（RTI）、安装方式等性能参数应符合消防设计文件要求。
</td></tr>
</table>

（续）

自动喷水灭火系统	→按照距离偏差±15mm 进行测量，喷头安装间距，喷头与楼板、墙、梁等障碍物的距离应符合消防技术标准和消防设计文件要求。 →有腐蚀性气体的环境、有冰冻危险场所安装的喷头，应采取防腐蚀、防冻等防护措施；有碰撞危险场所的喷头应加设防护罩。 →经点验，各种不同规格的喷头的备用品数量不应少于安装喷头总数的 1%，且每种备用喷头不应少于 10 个。 **◆报警阀组** →报警阀组及其各附件应安装位置正确，各组件、附件结构应安装准确。 →供水干管侧和配水干管侧控制阀门应处于完全开启状态，锁定在常开位置。 →报警阀组试水阀、检测装置放水阀应关闭，检测装置其他控制阀门应开启，报警阀组应处于伺应状态。 →报警阀组及其附件设置的压力表读数应符合设计要求。 →经测量，供水干管侧和配水干管侧的流量、压力应符合消防技术标准和消防设计文件要求。 →启动报警阀组试水阀或者电磁阀后，供水干管侧、配水干管侧压力表值平衡后，报警阀组以及检测装置的压力开关、延迟器、水力警铃等附件应动作准确、可靠。 →与空气压缩机或者火灾自动报警系统的联动控制应准确，符合消防设计文件要求。 →经测试，水力警铃喷嘴处压力应符合消防设计文件要求，且不小于 0.05MPa；距水力警铃 3m 远处警铃声声强应符合设计文件要求，且不小于 70dB。 →消防水泵启动装置应置于自动启动挡，压力开关、电磁阀、排气阀入口电动阀、消防水泵等应及时动作，且相应信号反馈到消防联动控制设备。

（续）

自动喷水灭火系统

◆水流指示器

- 安装前，检查管道试压和冲洗记录，对照图样检查，核对产品型号、规格。
- 目测检查电气元件的安装位置，开启试水阀门放水，检查水流指示器的水流方向。
- 放水检查水流指示器桨片、膜片动作情况，检查有无卡阻、碰擦等情况。
- 采用卷尺测量信号阀与水流指示器的距离。

◆系统试压、冲洗基本要求

- 经复查，埋地管道的位置及管道基础、支墩等应符合设计文件要求。
- 准备不少于2只的试压用压力表，精度不应低于1.5级，量程应为试验压力值的1.5~2倍。
- 隔离或者拆除不能参与试压的设备、仪表、阀门及附件；加设的临时盲板应具有凸出于法兰的边耳，且有明显标识，并对临时盲板数量、位置进行记录。

◆水压试验要求

- 环境温度不宜低于5℃，当低于5℃时，应采取防冻措施。
- 系统设计工作压力不大于1.0MPa时，水压强度试验压力应为设计工作压力的1.5倍，且不低于1.4MPa。
- 系统设计工作压力大于1.0MPa时，水压强度试验压力应为工作压力加0.4MPa。
- 水压严密性试验压力为系统设计工作压力。

（续）

自动喷水灭火系统	**◆水压试验操作方法** →试验前采用温度计测试环境温度，对照消防设计文件核定水压试验压力。 **◆水压强度试验要求** →水压强度试验的测试点应设在系统管网的最低点。 →管网注水时，应将管网内的空气排净，缓慢升压。 →达到试验压力后，稳压30min，管网应无泄漏、无变形，且压力降不应大于0.05MPa。 **◆水压强度操作方法** →目测观察管网外观和测压用压力表的压力降。 →系统试压过程中出现泄漏或者超过规定压力降时，停止试压，放空管网中试验用水。 →消除缺陷后，重新试验。 **◆水压严密性试验** →试验要求： ①水压严密性试验应在水压强度试验和管网冲洗合格后进行。 ②达到试验压力后，稳压24h，管网应无泄漏。 →操作方法： ①目测观察管网有无渗漏和测压用压力表的压力降。 ②系统试压过程中出现管网渗漏或者压力降较大的，停止试验，放空管网中试验用水；消除缺陷后，重新试验。 **◆气压试验** →试验要求： 气压严密性试验压力应为0.28MPa，且稳压24h，压力降不应大于0.01MPa。

（续）

<table>
<tr><td>自动喷水灭火系统</td><td>

└→操作方法：
①目测观察测压用压力表的压力降。
②系统试压过程中，压力降超过规定的，停止试验，放空管网中试验气体；消除缺陷后，重新试验。

◆管网冲洗
→管网试压合格后，采用生活用水进行冲洗。管网冲洗顺序为先室外、后室内，先地下、后地上。
→室内部分的冲洗按照配水干管、配水管、配水支管的顺序进行。
└→管网冲洗合格后，应将管网内的冲洗用水排净，必要时采用压缩空气吹干。

</td></tr>
</table>

（4）水喷雾灭火系统

<table>
<tr><td>水喷雾灭火系统</td><td>

◆喷头
→喷头设置场所、型号、规格等应符合设计要求。
→喷头安装间距，以及喷头与障碍物的距离应符合设计要求。
└→各种不同规格的喷头均应有一定数量的备用品，其数量不应小于安装总数的 1%，且每种备用喷头不应少于 10 个。

◆报警阀组
→报警阀组的各组件应符合产品标准要求。
→报警阀安装地点的常年温度不应小于 4℃。
→水力警铃的设置位置应正确。测试时，水力警铃喷嘴处压力不应小于 0. 05MPa，且距水力警铃 3m 远处警铃声声强不应小于 70dB。
→打开手动试水阀或电磁阀时，报警阀组动作应可靠。
→控制阀均应锁定在常开位置。
└→与火灾自动报警系统的联动控制应符合设计要求。

</td></tr>
</table>

（续）

水喷雾灭火系统	**◆水泵接合器** →数量及进水管位置应符合设计要求。 →消防水泵接合器应进行充水试验，且系统最不利点的压力、流量应符合设计要求。

（5）细水雾灭火系统

细水雾灭火系统	**◆水压试验的试验条件** →环境温度不宜低于5℃，当低于5℃时，采取防冻措施，以确保水压试验正常进行。 →试验压力为系统工作压力的1.5倍。 →试验用水的水质与管道的冲洗水一致，水中氯离子含量不超过25mg/L。 **◆水压试验的试验要求** →试验的测试点宜设在系统管网的最低点。 →管网注水时，将管网内的空气排净，缓慢升压。 →当压力升至试验压力后，稳压5min，管道无损坏、变形，再将试验压力降至设计压力，稳压120min。 **◆水压试验的操作方法** →试验前用温度计测试环境温度，对照设计文件核算试压试验压力。 →试验中，目测观察管网外观和测压用压力表，以压力不降、无渗漏、目测管道无变形为合格。 →系统试压过程中出现泄漏时，停止试压，放空管网中的试验用水；消除缺陷后，重新试验。

（续）

细水雾灭火系统

◆**气压试验要求**

→对于干式和预作用系统，除要进行水压试验外，还需要进行气压试验。

→双流体系统的气体管道进行气压强度试验。

→试验介质为空气或氮气。

→干式和预作用系统的试验压力为0.28MPa，且稳压24h，压力降不大于0.01MPa。

→双流体系统气体管道的试验压力为水压强度试验压力的80%。

◆**气压试验操作方法**

→采用试压装置进行试验，目测观察测压用压力表的压力降。

→系统试压过程中，压力降超过规定的，停止试验，放空管网中的气体；消除缺陷后，重新试验。

◆**现场抽样模拟联动功能试验**

→试验要求：

①动作信号反馈装置应能正常动作，并应能在动作后启动泵组或开启瓶组及与其联动的相关设备，可正确发出反馈信号。

②开式系统的分区控制阀应能正常开启，并可正确发出反馈信号。

③系统的流量、压力均应符合设计要求。

④泵组或瓶组及其他消防联动控制设备应能正常启动，并应有反馈信号显示。

⑤主、备用电源应能在规定时间内正常切换。

→检查方法：

①试验内容“①”项、“②”项和“④”项，利用模拟信号试验，采用观察检查。

②试验内容“③”项，利用系统流量压力检测装置通过泄放试验，采用观察检查。

③试验内容“⑤”项，模拟主、备用电源切换，采用秒表计时检查。

（续）

细水雾灭火系统	**◆现场抽样开式系统冷喷试验** →试验要求： 除符合模拟联动功能试验的试验要求以外，冷喷试验的响应时间应符合设计要求。 →检查方法： 自动启动系统，采用秒表等观察检查。

(6) 气体灭火系统

气体灭火系统	**◆贮瓶间** →贮瓶间门外侧中央贴有“气体灭火贮瓶间”的标牌。 →管网灭火系统的贮存装置宜设在专用贮瓶间内，其位置应符合设计文件，如设计无要求，贮瓶间宜靠近防护区。 →贮存装置间内设应急照明，其照度应达到正常工作照度。 **◆高压贮存装置直观检查** →贮存容器无明显碰撞变形和机械性损伤缺陷。 →贮存容器表面应涂红色，防腐层完好、均匀。 →手动操作装置有铅封，组件应完整，部件与管道连接处无松动、脱落等。 →贮存装置间的环境温度为-10~50℃，高压二氧化碳贮存装置的环境温度为0~49℃。 **◆高压贮存装置安装检查** →贮存容器的规格和数量应符合设计文件要求。 →贮存容器表面应标明编号，容器的正面应标明设计规定的灭火剂名称，字迹明显清晰。

（续）

气体灭火系统

- 贮存容器必须固定在支（框）架上，支（框）架与建筑构件固定，要牢固可靠，并做防腐处理。
- 操作面距墙或操作面之间的距离不应小于1m，且不小于贮存容器外径的1.5倍。
- 容器阀上的压力表应无明显机械损伤，在同一系统中的安装方向要一致，其正面朝向操作面。
- 灭火剂贮存容器的充装量和贮存压力应符合设计文件要求，且不超过设计充装量的1.5%。
- 容器阀和集流管之间应采用挠性连接。
- 灭火剂总量、每个防护分区的灭火剂量应符合设计文件要求。

◆高压贮存装置功能检查

- 贮存容器中充装的二氧化碳质量损失大于10%时，二氧化碳灭火系统的检漏装置应正确报警。

◆低压贮存装置

- 直观检查：
  与高压贮存装置直观检查要求相同。
- 安装检查：
  ①与高压贮存装置直观检查要求相同。
  ②低压系统制冷装置的供电要采用消防电源。
  ③贮存装置要远离热源，其位置要便于再充装，其环境温度宜为−23~49℃。
- 功能检查：
  ①制冷装置应采用自动控制，且设手动操作装置。
  ②低压二氧化碳灭火系统贮存装置的报警功能应正常，高压报警压力设定值应为2.2MPa，低压报警压力设定值应为1.8MPa。

（续）

气体灭火系统

◆阀驱动装置直观检查

→气动驱动装置应无明显变形，表面防腐层完好，手动按钮上有完整铅封。

→气动管道应平整光滑，弯曲部分应规则平整。

◆选择阀及压力信号器直观检查

→有出厂合格证及法定机构的有效证明文件。

→现场选用产品的数量、型号、规格应符合设计文件要求。

→组件完整，无碰撞变形或其他机械性损伤，铭牌清晰、牢固，方向正确。

◆选择阀及压力信号器安装检查

→选择阀的安装位置应靠近贮存容器，安装高度宜为1.5~1.7m。

→选择阀上应设置标明防护区或保护对象名称或编号的永久性标志牌。

→选择阀上应标有灭火剂流动方向的指示箭头，箭头方向应与介质流动方向一致。

◆单向阀

→直观检查：

与选择阀直观检查要求相同。

→安装检查：

①单向阀的安装方向应与介质流动方向一致。

②七氟丙烷、三氟甲烷、高压二氧化碳灭火系统在容器阀和集流管之间的管道上应设液流单向阀，方向应与灭火剂输送方向一致。

③气流单向阀在气动管路中的位置、方向必须完全符合设计文件要求。

（续）

气体灭火系统

◆泄压装置

→直观检查：

与选择阀直观检查要求相同。

→安装检查：

① 在贮存容器的容器阀和组合分配系统的集流管上，应设安全泄压装置。

② 泄压装置的泄压方向不应朝向操作面。

③ 低压二氧化碳灭火系统贮存容器上至少应设置 2 套安全泄压装置，其安全阀应通过专用泄压管接到室外，其泄压动作压力应为（2. 38±0. 12）MPa。

◆防护区和保护对象

→防护区围护结构及门窗的耐火极限均不宜低于 0. 50h；吊顶的耐火极限不宜低于 0. 25h。

→防护区围护结构承受内压的允许压强不宜低于 1200Pa。

→两个或两个以上的防护区采用组合分配系统时，一个组合分配系统所保护的防护区不应超过 8 个。

→防护区应设置泄压口，宜设在外墙上。七氟丙烷灭火系统的泄压口应设在防护区净高的 2/3 以上。

→喷放灭火剂前，防护区内除泄压口外的开口应能自行关闭。

→防护区的入口处应设防护区采用的相应气体灭火系统的永久性标志牌，应设火灾声、光报警器。

→防护区的入口处正上方应设灭火剂喷放指示灯。

→防护区内应设火灾声报警器，必要时，可增设闪光报警器。

→防护区应有保证人员在 30s 内疏散完毕的疏散通道和出口，疏散通道及出口处应设置应急照明装置与疏散指示标识。

（续）

气体灭火系统	◆喷嘴 直观检查： 与选择阀直观检查要求相同。 安装检查： ①安装在吊顶下的不带装饰罩的喷嘴，其连接管端螺纹不应露出吊顶。 ②安装在吊顶下的带装饰罩的喷嘴，其装饰罩应紧贴吊顶。 ③设置在有粉尘、油雾等防护区的喷嘴，应有防护装置。 ④喷嘴的安装间距应符合设计文件要求，喷嘴的布置应满足喷放后气体灭火剂在防护区内均匀分布的要求。 ⑤当保护对象属可燃液体时，喷嘴射流方向不应朝向液体表面。 ⑥喷嘴的最大保护高度不宜大于6.5m，最小保护高度不应小于300mm。 ◆预制灭火装置 直观检查： ①与选择阀直观检查要求相同。 ②一个防护区设置的预制灭火系统，其装置数量不宜超过10台。 安装检查： ①同一防护区设置多台装置时，其相互间的距离不得大于10m。 ②防护区内设置的预制灭火系统的充压压力不应大于2.5MPa。 功能检查： 同一防护区内的预制灭火系统装置多于一台时，必须能同时启动，其动作响应时差不得大于2s。

（续）

气体灭火系统	
气体灭火系统	◆操作与控制安装检查 →管网灭火系统应设自动控制、手动控制和机械应急操作三种启动方式。 →预制灭火系统应设自动控制和手动控制两种启动方式。 →灭火设计浓度或实际使用浓度大于无毒性反应浓度的防护区，应设手动与自动控制的转换装置。 →当人员进入防护区时，应能将灭火系统转换为手动控制方式；当人员离开时，应能恢复为自动控制方式。 →机械应急操作装置应设在贮瓶间内或防护区疏散出口门外便于操作的地方，并应设置防止误操作的警示显示与措施。 ◆模拟启动试验要求 →调试时，对所有防护区或保护对象按规范规定进行模拟喷气试验，并合格。 ◆手动模拟启动试验方法 →按下手动启动按钮，观察相关动作信号及联动设备动作是否正常（如发出声、光报警，启动输出端的负载响应，关闭通风空调、防火阀等）。 →手动启动压力信号反馈装置，观察相关防护区门外的气体喷放指示灯是否正常。 ◆自动模拟启动试验方法 →将灭火控制器的启动输出端与灭火系统相应防护区驱动装置连接。驱动装置与阀门的动作机构脱离。 →也可用一个启动电压、电流与驱动装置的启动电压、电流相同的负载代替。

（续）

气体灭火系统

→人工模拟火警使防护区内任意一个火灾探测器动作，观察单一火警信号输出后，相关报警设备动作是否正常（如警铃、蜂鸣器发出报警声等）。

→人工模拟火警使该防护区内另一个火灾探测器动作，观察复合火警信号输出后，相关动作信号及联动设备动作是否正常（如发出声、光报警，启动输出端的负载响应，关闭通风空调、防火阀等）。

◆模拟启动试验结果要求

→延迟时间与设定时间相符，响应时间满足要求。

→有关声、光报警信号正确。

→联动设备动作正确。

→驱动装置动作可靠。

模拟喷气试验调试要求

→调试时，对所有防护区或保护对象进行模拟喷气试验，并合格。

→预制灭火系统的模拟喷气试验宜各取一套进行。

模拟喷气试验的条件

→IG541 混合气体灭火系统及高压二氧化碳灭火系统，应采用其充装的灭火剂进行模拟喷气试验。

→试验采用的贮存容器数应为选定试验的防护区或保护对象设计用量所需容器总数的 5%，且不少于一个。

→低压二氧化碳灭火系统，应采用二氧化碳灭火剂进行模拟喷气试验。试验要选定输送管道最长的防护区或保护对象进行，喷放量不应小于设计用量的 10%。

（续）

气体灭火系统	→卤代烷灭火系统模拟喷气试验不应采用卤代烷灭火剂，宜采用氮气进行。 →氮气贮存容器与被试验的防护区或保护对象用的灭火剂贮存容器的结构、型号、规格应相同，连接与控制方式要一致，氮气的充装压力和灭火剂贮存压力相等。 →氮气贮存容器数不应少于灭火剂贮存容器数的20%，且不少于一个。 →模拟喷气试验宜采用自动启动方式。 **模拟喷气试验结果** →延迟时间与设定时间相符，响应时间满足要求。 →有关声、光报警信号正确。 →有关控制阀门工作正常。 →信号反馈装置动作后，气体防护区门外的气体喷放指示灯工作正常。 →贮存容器间内的设备和对应防护区或保护对象的灭火剂输送管道无明显晃动和机械性损坏。 →试验气体能喷入试验防护区内或保护对象上，且应能从每个喷嘴喷出。 **模拟切换操作试验** →设有灭火剂备用量且与贮存容器连接在同一集流管上的系统应进行模拟切换操作试验，并合格。 →按使用说明书的操作方法，将系统使用状态从主用量灭火剂贮存容器切换为备用量灭火剂贮存容器的使用状态。 →按模拟喷气试验方法进行模拟喷气试验。 →试验结果符合模拟喷气试验结果的规定。

(7) 泡沫灭火系统

泡沫灭火系统

◆保护对象（如外浮顶罐等）可实际喷射泡沫时

- 按设定的控制方式启动泡沫消防泵。
- 查看泡沫消防泵、比例混合器、泡沫栓、泡沫产生器的压力表显示是否正常。
- 检查泡沫枪、泡沫产生器的发泡是否正常。
- 浮顶上泡沫堰板是否完好、浮顶排水设施是否通畅等。
- 测试结束，关闭泡沫出液阀、泡沫泵。
- 打开管网上清扫口等，排出管道内余水。
- 恢复系统。

外浮顶罐

◆保护对象（如固定顶罐）不宜实际喷射泡沫时

- 关闭泡沫系统混合液总控制阀。
- 在试验泡沫栓上连接消防水带、泡沫枪或泡沫产生器。
- 打开试验泡沫栓后，按设定的控制方式开启消防供水阀，按规程操作压力式比例混合器，检查系统工作压力是否正常，泡沫枪的发泡情况是否正常。
- 采用电动（液压、气动）控制阀门的泡沫灭火系统，还应按照产品说明书和系统设计要求检查项目其控制装置是否能正常操控。

（续）

泡沫灭火系统

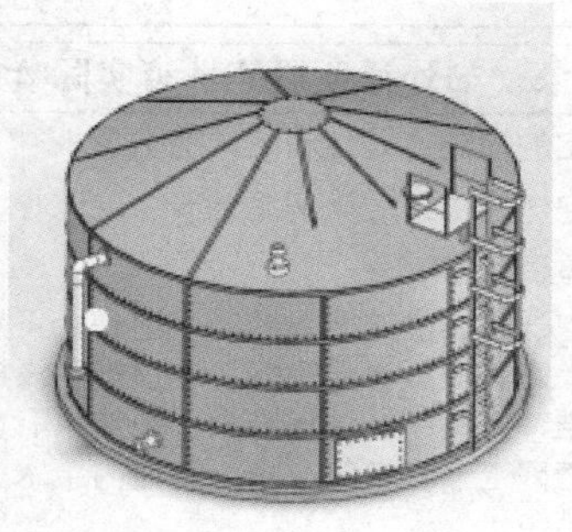

固定顶罐

◆中、高倍数泡沫灭火系统功能

→在条件许可的情况下，模拟产生系统启动条件，参照保护对象（如外浮顶罐等）可实际喷射泡沫的试验方法进行试验。

→防护区泡沫围栏设施是否完好。

→防护区排气装置是否能正常工作。

→可能影响泡沫流失的开口部位是否能在泡沫喷射时自动关闭等。

（8）干粉灭火系统

干粉灭火系统

◆模拟自动启动试验的试验方法

→将灭火控制器的启动信号输出端与相应的启动驱动装置连接，启动驱动装置与启动阀门的动作机构脱离。

→对于燃气型预制灭火装置，可以用一个启动电压、电流与燃气发火装置相同的负载代替启动驱动装置。

→人工模拟火警使防护区内任意一个火灾探测器动作。

（续）

干粉灭火系统

→观察火灾探测器报警信号输出后，防护区的声光报警信号及联动设备动作是否正常。

→人工模拟火警使防护区内两个独立的火灾探测器动作。观察灭火控制器火警信号输出后，防护区的声光报警信号及联动设备动作是否正常。

◆模拟自动启动试验的判定标准

→延时启动时符合设定时间，声光报警信号正常，联动设备动作正确，启动驱动装置（或负载）动作可靠。

◆模拟手动启动试验的试验方法

→将灭火控制器的启动信号输出端与相应的启动驱动装置连接，启动驱动装置与启动阀门的动作机构脱离。

→分别按下灭火控制器的启动按钮和防护区外的手动启动按钮。观察防护区的声光报警信号及联动设备动作是否正常。

→按下手动启动按钮后，在延时时间内再按下紧急停止按钮，观察灭火控制器启动信号是否终止。

◆模拟手动启动试验的判定标准

→延时启动时符合设定时间，声光报警信号正常，联动设备动作正确，启动驱动装置（或负载）动作可靠。

◆模拟喷放试验的条件

→模拟喷放试验采用干粉灭火剂和自动启动方式，干粉用量不少于设计用量的30%。

→当现场条件不允许喷放干粉灭火剂时，可采用惰性气体。

→采用的试验气瓶须与干粉灭火系统驱动气体贮瓶的型号、规格、阀门结构、充装压力、连接与控制方式一致。

→试验时应保证出口压力不低于设计压力。

（续）

干粉灭火系统

◆模拟喷放试验的试验方法

- 启动驱动气体释放至干粉贮存容器。
- 容器内达到设计喷放压力并达到设定延时后，开启释放装置。
- 在模拟喷放完毕后，还需进行模拟切换操作试验，试验时将系统使用状态从主用量干粉贮存容器切换为备用量干粉贮存容器，驱动气体贮瓶、启动气体贮瓶同时切换。

◆模拟喷放试验的判定标准

- 延时启动时符合设定时间。
- 有关声光报警信号正确。
- 信号反馈装置动作正常。
- 干粉输送管无明显晃动和机械性损坏。
- 干粉或气体能喷入被试防护区内或保护对象上，且能从每个喷头喷出。

◆干粉炮调试的试验方法

- 采用液（气）压源作为动力的干粉炮，其液（气）压源的实测工作压力须符合产品使用说明书的要求。
- 电动阀门全部调试。
- 无线遥控装置全部调试。
- 系统调试以氮气代替干粉进行联动试验。
- 装有现场手动按钮的干粉炮灭火系统，现场手动按钮所控制的相应联动单元全部调试。

◆干粉炮调试的判定标准

- 有反馈信号的电动阀门反馈信号准确、可靠。
- 无线遥控装置的遥控距离符合设计要求；多台无线遥控装置同时使用时，没有相互干扰或被控设备误动作现象。
- 联动试验按设计的每个联动单元进行喷射试验时，其结果符合设计要求。
- 装有现场手动按钮的干粉炮灭火系统，当现场手动按钮按下后，系统按设计要求自动运行，其各项性能指标均达到设计要求。

(9) 火灾自动报警系统

火灾自动报警系统

◆检测内容

- 火灾报警系统装置。
- 消防联动控制系统。
- 自动灭火系统控制装置。
- 消火栓系统的控制装置。
- 通风空调、防烟排烟及电动防火阀等控制装置。
- 防火门监控器、防火卷帘控制器。
- 消防电梯和非消防电梯的回降控制装置。
- 火灾警报装置。
- 消防应急照明和疏散指示控制装置。
- 切断非消防电源的控制装置。
- 电动阀控制装置。
- 消防联网通信。
- 系统内的其他消防控制装置。
- 可燃气体报警探测系统装置。
- 电气火灾监控系统装置。

◆系统设备检测数量

- 各类消防用电设备主、备用电源的自动转换装置，应进行 3 次转换试验，每次试验均应正常。

◆消防联动控制系统中其他各种用电设备、区域显示器

- 实际安装数量在 5 台以下者，全部检验。
- 实际安装数量在 6~10 台者，抽验 5 台。
- 实际安装数量超过 10 台者，按实际安装数量 30%~50%的比例抽验，但抽验总数不应少于 5 台。
- 各装置的安装位置、型号、数量、类别及安装质量应符合设计要求。

（续）

火灾自动报警系统

◆火灾探测器（含可燃气体探测器和电气火灾监控探测器）和手动火灾报警按钮

→应按要求进行模拟火灾响应（可燃气体报警、电气故障报警）和故障信号检验。

→实际安装数量在100只以下者，抽验20只（每个回路都应抽验）。

→实际安装数量超过100只时，每个回路按实际安装数量10%~20%的比例抽验，但抽验总数不应少于20只。

→被检查的火灾探测器的类别、型号、适用场所、安装高度、保护半径、保护面积和探测器的间距等均应符合设计要求。

◆室内消火栓的功能检测

→应在出水压力符合《消防给水及消火栓系统技术规范》（GB 50974—2014）的条件下，抽验控制功能。

→在消防控制室内操作启、停泵1~3次。

→在消火栓处操作消火栓启动按钮，按实际安装数量5%~10%的比例抽验。

◆自动喷水灭火系统

→应在符合《自动喷水灭火系统设计规范》（GB 50084—2017）的条件下，抽验控制功能。

→在消防控制室内操作启、停泵1~3次。

→水流指示器、信号阀等按实际安装数量30%~50%的比例抽验。

→压力开关、电动阀、电磁阀等按实际安装数量全部进行检验。

（续）

火灾自动报警系统

◆气体、泡沫、干粉等灭火系统

- 应在符合国家现行有关系统设计规范的条件下按实际安装数量20%~30%的比例抽验控制功能。
- 自动、手动启动和紧急切断试验1~3次。
- 与固定灭火设备联动控制的其他设备动作（包括关闭防火门窗、停止空调风机、关闭防火阀等）试验1~3次。

◆电动防火门、防火卷帘

- 5樘以下的应全部检验。
- 超过5樘的应按实际安装数量20%的比例抽验，但抽验总数不应小于5樘，并抽验联动控制功能。

◆防烟排烟风机

- 应全部检验。
- 通风空调和防烟排烟设备的阀门应按实际安装数量10%~20%的比例抽验，并抽验联动功能。
- 报警联动启动、消防控制室直接启停、现场手动启动联动防烟排烟风机1~3次。
- 报警联动停止、消防控制室远程停止通风空调送风1~3次。
- 报警联动开启、消防控制室开启、现场手动开启防烟排烟阀门1~3次。

◆消防电梯

- 应进行1~2次联动返回首层功能检验，其控制功能、信号均应正常。

（续）

火灾自动报警系统

◆消防应急广播设备

- 应按实际安装数量10%~20%的比例进行功能检验。
- 对所有广播分区进行选区广播，对共用扬声器进行强行切换。
- 对扩音机进行全负荷试验。

◆消防专用电话

- 消防控制室与所设的消防专用电话分机进行1~3次通话试验。
- 电话插孔按实际安装数量10%~20%的比例进行通话试验。
- 消防控制室的外线电话与另一部外线电话进行1~3次模拟报警电话通话试验。

◆消防应急照明和疏散指示系统控制装置

- 应进行1~3次使系统转入应急状态检验，系统中各消防应急照明灯具均应能转入应急状态。

◆系统功能性现场检测

- 系统布线检查：
  现场检测前应按《建筑电气工程施工质量验收规范》（GB 50303—2015）的规定和布线要求，采用尺量、观察等方法对现场布线进行全数检验。
- 系统设备设计符合性检查：
  按照设计文件的要求，核对各系统设备的型号、规格、容量、数量。
- 系统设备安装检查：
  按照各系统设备检测数量要求抽取相应的系统设备，并按照各系统设备安装的相关要求，采用对照图样、尺量、观察等方法对系统设备的安装进行检查。
- 系统设备功能检查：
  按照各系统设备检测数量要求抽取相应的系统设备，并按照各系统设备调试的相关要求，采用对照设计文件、仪表测量、观察等方法对系统设备的功能进行检查。

（10）防烟排烟系统

防烟排烟系统

◆机械排烟系统手动启动功能

→将风机控制柜的转换开关置于“手动”状态。

→按下风机控制柜面板上“启动”按钮。

→现场观察风机是否能正常启动、运转是否顺畅、控制柜面板指示灯显示是否正确。

→检查风机运行信号是否能正确反馈至消防控制室。

→用纸张测试风向，判断风机是否向外排烟。

→按下“停止”按钮，查看风机是否能停止工作、停机信号是否能反馈至消防控制室。

◆机械排烟系统排烟口联锁启动功能

→确认风机控制柜的转换开关置于“自动”状态。

→手动打开任意一个排烟阀（口）。

→查看排烟阀控制模块动作信号灯是否点亮。

→在风机房查看风机是否自动启动，在消防控制室查看相关信号是否能正确反馈至消防控制室。

→使用风速计测量排烟口进风速度是否不大于10m/s。

→按下“停止”按钮，查看风机是否能停止工作、停机信号是否能反馈至消防控制室。

→使用风速计测量风机出风口处风速，将测量结果与排烟口风速相比较，判断风管是否存在堵塞、漏风现象。

→手动关闭排烟风机进风侧排烟防火阀，观察风机是否能自动停止，相关信号是否能正确反馈至消防控制室。

→未与火灾探测报警及消防联动控制联动的，测试排烟口能否在开启时联锁启动风机，相关状态指示是否正确。

（续）

防烟排烟系统

◆**机械排烟系统火灾探测联动启动功能**

- 确认风机控制柜的转换开关置于“自动”状态。
- 模拟防烟分区内火灾探测器发出火灾信号。
- 查看电动挡烟垂壁能否自动释放，释放后形成的防烟分区是否严密。
- 查看排烟口是否能自动完全开启。
- 风机能否自动启动，相关信号显示、反馈是否正确。
- 当通风与排烟合用风机时，还应检查风机能否自动切换到高速运行状态，排烟风速是否符合设计要求。
- 设有补风系统的排烟系统，还应检查补风系统能否在排烟系统运行时自动启动，补风风速是否符合要求，相关信号显示、反馈是否正确。

◆**机械加压送风防烟系统手动启动功能**

- 将风机控制柜的转换开关置于“手动”状态。
- 按下“启动”按钮。
- 观察风机是否能正常启动、运转是否顺畅、控制柜面板指示灯显示是否正确。
- 风机运行信号是否能正确反馈至消防控制室。
- 用纸张测试风向，判断风机是否向内送风。
- 按下“停止”按钮，查看风机是否能停止工作，停机信号是否能反馈至消防控制室。

◆**机械加压送风防烟系统送风口联锁启动功能**

- 确认风机控制柜的转换开关置于“自动”状态。
- 手动打开任意一个送风口。
- 查看送风口控制模块动作信号灯是否点亮、风机是否自动启动、相关信号是否能正确反馈至消防控制室。
- 使用风速计测量送风口出风速度是否不大于7m/s。

（续）

防烟排烟系统	→使用风速计测量风机进风口处风速，将测量结果与送风口进风速度相比较，判断风管是否存在堵塞、漏风现象。 →使用微压计，测量防烟楼梯间、前室正压值是否分别为 40~50Pa、25~30Pa。 →未与火灾探测报警及消防联动控制联动的，测试送风口能否在开启时联锁启动风机，相关状态指示是否正确。 **◆机械加压送风防烟系统火灾探测装置联动启动功能** →确认风机控制柜的转换开关置于“自动”状态。 →模拟火灾探测器发出火灾信号。 →查看相关区域（前室、楼梯间）送风口能否自动完全开启。 →查看风机能否自动启动，相关信号显示、反馈是否正确。 →当前室与楼梯间合用风机时，还应检查楼梯间送风口是否能被吹开至最大位置。 →当楼梯间设置独立的送风系统时，还应检查楼梯间送风系统能否在前室送风系统运行时自动启动，相关信号显示、反馈是否正确。

（11）消防应急照明和疏散指示系统

消防应急照明和疏散指示系统	**◆消防应急标识灯具和照明灯具** →应急灯具和照明灯具应符合国家标准《消防应急照明和疏散指示系统》（GB 17945—2010）的要求，指示方向应与设计方向一致。 →使用的电池应与国家有关市场准入制度中的有效证明文件相符。 →状态指示灯指示应正常。 →连续 3 次操作试验机构，观察灯具自动应急转换情况。 →应急工作时间应不小于其本身标称的应急工作时间。 →安装区域的最低照度值应符合设计要求。

（续）

消防应急照明和疏散指示系统

消防应急标识灯具

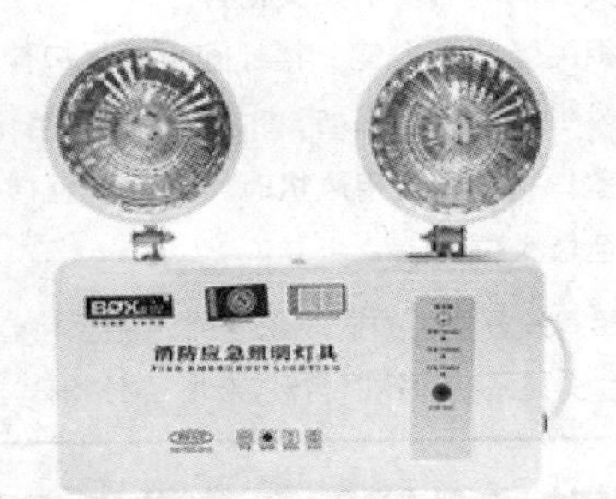

消防应急照明灯具

◆应急照明集中电源

→检查安装场所应符合要求。

→供电应符合设计要求。

→应急工作时间应不小于其本身标称的应急工作时间。

→输出线路、分配电装置、输出电源负载应与设计相符，且不应连接与应急照明和疏散指示无关的负载。

→应急照明集中电源应设主电和应急电源状态指示灯，主电状态用绿色，应急状态用红色。

（续）

消防应急照明和疏散指示系统	→应急照明集中电源应设模拟主电源供电故障的自复式试验按钮（或开关），不应设影响应急功能的开关。 →应急照明集中电源应显示主电电压、电池电压、输出电压和输出电流，并应设主电、充电、故障和应急状态指示灯，主电状态用绿色，故障状态用黄色，充电状态和应急状态用红色。 →应急照明集中电源应能以手动、自动两种方式转入应急状态，且应设只有专业人员可操作的强制应急启动按钮。 →应急照明集中电源每个输出支路均应单独保护，且任一支路故障不应影响其他支路的正常工作。 **◆应急照明控制器** →应安装在消防控制室或值班室内。 →应能控制并显示与其相连的所有消防应急灯具的工作状态，并显示应急启动时间。 →应能防止非专业人员操作。 →在与其相连的消防应急灯具之间的连接线开路、短路（短路时消防应急灯具转入应急状态除外）时，应发出声、光故障信号，并指示故障部位。 →声故障信号应能手动消除，当有新的故障信号时，声故障信号应能再启动。光故障信号在故障排除前应保持。 →应有主、备用电源的工作状态指示，并能实现主、备用电源的自动转换。且备用电源应能保证应急照明控制器正常工作大于3h。 →控制应急照明集中电源时，应急照明控制器应能控制并显示应急照明集中电源的工作状态（主电、充电、故障状态，电池电压、输出电压和输出电流），且在与应急照明集中电源之间连接线开路或短路时，发出声、光故障信号。 →应能对本机及面板上的所有指示灯、显示器、按键进行功能检查。 →应能以手动、自动两种方式使与其相连的所有消防应急灯具转入应急状态，且应设强制使所有消防应急灯具转入应急状态的按钮。

（续）

消防应急照明和疏散指示系统	 应急照明控制器 **◆集中控制型系统功能** →应能接收火灾自动报警系统的火灾报警信号或联动控制信号，并控制相应的消防应急灯具转入应急工作状态。 →自带电源集中控制型系统，应由应急照明控制器控制系统内的应急照明配电箱和相应的消防应急灯具及其他附件实现工作状态转换。 →集中电源集中控制型系统，由应急照明控制器控制系统内应急照明集中电源、应急照明分配电装置和相应的消防应急灯具及其他附件实现工作状态转换。 →当系统需要根据火灾报警信号联动熄灭安全出口指示标识灯具时，应仅在接收到安全出口处设置的感温火灾探测器的火灾报警信号时，系统才能联动熄灭指示该出口和指向该出口的消防应急标识灯具。 →应急照明控制器的主电源应由消防电源供电；应急照明控制器的备用电源应至少使控制器在主电源中断后工作 3h。

（续）

消防应急照明和疏散指示系统	◆**系统供配电检查** →配接灯具总额定功率不应大于配电回路额定功率的 80%。 →每条配电回路配接灯具的数量不宜超过 60 只。 →应急照明集中电源应经应急照明分配电装置配接消防应急灯具。 →应急照明集中电源、应急照明分配电装置及应急照明配电箱的输入及输出配电回路中不应装设剩余电流动作脱扣保护装置。 →地面设置的灯具配电线路和通信线路应选择耐腐蚀橡胶线缆。 ◆**消防应急灯具的外观检查** →外观是否破损；安装是否牢固；消防应急灯具与供电线路之间是否使用插头连接。 →灯具产品标识、身份证标识是否清晰齐全。 →工作状态指示是否正常（处于主电工作状态，绿色指示灯点亮；处于故障状态，黄色指示灯点亮；处于充电状态，红色指示灯点亮）。 →埋地安装的消防应急灯具其保护措施是否完好。 ◆**消防应急灯具的转换功能** →按下试验按钮（或开关），非集中控制型消防应急灯具、应急照明集中电源应急灯具是否能自动转入应急工作工况，应急照明转换时间是否超过 5s。 →切断正常供电的交流电源后，观察消防应急灯具是否能顺利转入应急工作状态。

（续）

消防应急照明和疏散指示系统	◆消防应急标识灯具 →安装在顶棚下方、靠近吊顶的墙面上的标识灯具周围是否存在影响观察的悬挂物、货物堆垛、商品货架等。 →安装在门两侧的标识灯具是否存在被开启的门扇或其他装饰物品、装修隔断遮挡的现象。 →安装在疏散走道及其转角处 1m 以内墙面上的标识灯具，其面板是否存在被涂覆、遮挡、损坏等现象。 →埋地安装的标识灯具，其金属构件是否锈蚀，面板罩内是否有积水、雾气，其凸出地面部分是否影响人员疏散，有遥控试验按钮的还应检查其遥控试验功能是否正常、有效。 →带有指示箭头的消防应急标识灯具，沿箭头指示方向步行，检查其指向是否正确、有效。 →使顺序闪亮形成导向光流的标识灯转入应急工作状态，检查其光流导向是否与实际的疏散方向相同。 →使有语音指示的标识灯转入应急工作状态，检查其语音是否与实际疏散环境一致。

（12）城市消防远程监控系统

城市消防远程监控系统	◆系统主要功能测试 →接收联网用户的火灾报警信息，向城市消防通信指挥中心或其他接处警中心传送经确认的火灾报警信息。 →接收联网用户发送的建筑消防设施运行状态信息。 →具有为消防救援机构提供查询联网用户的火灾报警信息、建筑消防设施运行状态信息及消防安全管理信息的功能。 →具有为联网用户提供自身的火灾报警信息、建筑消防设施运行状态信息查询和消防安全管理信息服务等功能。 →能根据联网用户发送的建筑消防设施运行状态和消防安全管理信息进行数据实时更新。

（续）

城市消防远程监控系统	**◆系统主要性能指标测试** →连接3个联网用户，测试监控中心同时接收火灾报警信息的情况。 →从用户信息传输装置获取火灾报警信息到监控中心接收显示的响应时间不应大于20s。 →监控中心向城市消防通信指挥中心或其他接处警中心转发经确认的火灾报警信息的时间不应大于3s。 →监控中心与用户信息传输装置之间能够动态设置巡检方式和时间，要求通信巡检周期不应大于2h。 →测试系统各设备的统一时钟管理情况，要求时钟累计误差不应超过5s。

（13）其他消防设施

其他消防设施	**◆防火门外观** →防火门标识、开启方向提示标识是否醒目。 →防火门开启方向上是否存在影响开启的障碍物。 →常闭型防火门门扇是否存在使用插销、门吸、木楔等物件使其处于常开启状态。 →防火门闭门器、顺序器等是否按规定安装并保持完好。 →常开型防火门是否采用插销将门扇固定在开启位置。 **◆防火门组件** →防火门的闭门器、顺序器、铰链、锁具等组件是否齐全完好。 →门扇是否完好、无缺陷，门扇、门框上安装的膨胀型密封条是否脱落、缺损。

（续）

其他消防设施

- 门扇上防火玻璃、防火门上亮部分（上方亮窗，通常为固定安装的防火玻璃）是否完好、无缺损。
- 常开型防火门释放器、门限开关等是否完好并处于工作状态。
- 具有电动开启功能的防火门还应检查电动操作说明、开启按钮标识是否醒目、完好。
- 具有出入控制功能的防火门还应检查其应急开启措施是否有效并便于操作。

◆防火门手动操作功能

- 从任意一侧打开常闭型防火门门扇，检查其开启灵活性。
- 在处于最大开启角情况下，释放门扇，观察门扇是否能自动关闭。
- 同时释放双、多扇防火门，观察门扇是否能实现顺序关闭，并保持严密。
- 按下防火门释放器手动按钮，观察防火门是否能顺利、严密关闭，闭门信号能否传送至消防控制室，具有关门报警信号的还应检查其声、光报警功能。

◆防火门联动释放功能

- 在消防控制室操作联动控制器，发出远程关闭防火门的信号，现场查看防火门是否释放，检查消防控制室是否收到防火门释放信号。
- 模拟产生火灾信号，观察控制防火门自动释放的火灾探测器是否能向消防控制室发出火灾信号，消防联动控制器是否发出释放防火门的命令，现场查看防火门是否自动关闭，信号是否反馈至消防控制室。
- 具有出入控制系统的防火门，检查其在手动解除、停电、火警产生情况下，门扇是否能自动开启并保持，信号是否能反馈。

（续）

其他消防设施	**◆防火卷帘组件** →现场控制盒是否完好，标识是否醒目，周围是否存在影响操作的障碍物；集中设置的现场控制盒是否标注出相应说明。 →需使用钥匙才可实现升、降操作的现场控制盒还应检查其钥匙是否留存在消防控制室并有专人保管。 →操作防火卷帘运行的链条、应急操作扳把是否有明显标识，是否方便取用。 →防火卷帘的温控释放装置的感温元件周围是否存在影响探测温度的障碍物，感温元件本体是否被涂覆乳胶漆等影响探测温度的障碍物。 →防火卷帘控制器是否处于无故障的工作状态，其仪表、指示灯、按钮、开关等器件是否能正常工作。 →安装于卷帘门两侧的火灾探测器是否完好，周围是否存在影响探测功能的障碍物。 →用于保护卷帘门的洒水喷头周围是否存在影响布水、探测温度的障碍物；配水管控制阀是否处于正常开启状态；采用电动阀门的，其工作电源的保障措施是否有效。 **◆防火卷帘机械关闭功能** →向下拉动靠近帘面的链条，检查防火卷帘是否下降；向下拉动远离帘面的链条，检查防火卷帘是否上升。 →采用应急操作扳把的，扳动扳把，检查其释放功能是否正常。 **◆防火卷帘现场手动电气关闭功能** →点动“下行”按钮，观察卷帘是否向下运行并保持顺畅。 →双扇帘面下降是否同步。 →帘面下降到地面时是否能自动停止。

（续）

其他消防设施	→停止后，俯身检查卷帘底边是否完全与地面接触，是否存在过度下降情况；检查整个帘面是否存在缝隙或破损现象。 →按下“上行”按钮，观察卷帘上升到高位时是否能正常停止。 **◆防火卷帘远程手动电气关闭功能** →操作火灾报警控制器或消防联动控制器面板上相应操作按钮，查看防火卷帘的远程手动释放功能是否正常，信号反馈功能是否正常。 **◆防火卷帘联动关闭功能** →将火灾报警控制器或消防联动控制器设置于“自动”状态。 →模拟触发火灾探测器报警。 →检查防火卷帘是否能够正常下降，相关信号反馈是否正常。 →集中延时控制的防火卷帘，还应检查受控卷帘是否能实现延时、依序下降。 →具有报警功能的防火卷帘，还应检查其报警功能是否正常。 →具有喷水保护功能的卷帘门，还应检查其喷水保护功能是否正常。 **◆防火卷帘温控释放功能** →条件允许的情况下，使用电吹风模拟产生高温，检查温控释放功能是否正常。

4 消防设施维护保养

(1) 消防给水

消防给水

◆消防水源

- 每季度应监测市政给水管网的压力和供水能力。
- 每年应对天然河、湖等地表水消防水源的常水位、枯水位、洪水位，以及枯水位流量或蓄水量等进行一次检测。
- 每年应对水井等地下水消防水源的常水位、最低水位、最高水位和出水量等进行一次测定。
- 每月应对消防水池、高位消防水池、高位消防水箱等消防水源设施的水位等进行一次检测；消防水池（箱）玻璃水位计两端的角阀在不进行水位观察时应关闭。
- 在冬季每天要对消防贮水设施进行室内温度和水温检测，当结冰或室内温度低于 5℃时，要采取确保不结冰和室温不低于 5℃的措施。
- 每年应检查消防水池、消防水箱等蓄水设施的结构材料是否完好，发现问题及时处理。
- 永久性地表水天然水源消防取水口应有防止水生生物繁殖的管理技术措施。

◆供水设施设备

- 每月应手动启动消防水泵运转一次，并检查供电电源的情况。
- 每周应模拟消防水泵自动控制的条件自动启动消防水泵运转一次，且自动记录自动巡检情况，每月应检测记录。

（续）

消防给水	→每日应对稳压泵的停泵启泵压力和启泵次数等进行检查并记录运行情况。 →每日应对柴油机消防水泵的启动电池的电量进行检测，每周检查贮油箱的贮油量，每月应手动启动柴油机消防水泵运行一次。 →每季度应对消防水泵的出流量和压力进行一次试验。 →每月应对气压水罐的压力和有效容积等进行一次检测。 **◆水泵接合器** →查看水泵接合器周围有无放置构成操作障碍的物品。 →查看水泵接合器有无破损、变形、锈蚀及操作障碍，确保接口完好、无渗漏、闷盖齐全。 →查看闸阀是否处于开启状态。 →查看水泵接合器的标识是否明显。 **◆给水管网** →系统上所有的控制阀门均应采用铅封或锁链固定在开启或规定的状态，每月应对铅封、锁链进行一次检查，当有破坏或损坏时应及时修理更换。 →每月应对电动阀和电磁阀的供电和启闭性能进行检测。 →每季度应对室外阀门井中、进水管上的控制阀门进行一次检查，并应核实其处于全开启状态。 →每天应对水源控制阀进行外观检查，并应保证系统处于无故障状态。 →每季度应对系统所有的末端试水阀和报警阀的放水试验阀进行一次放水试验，并应检查系统启动、报警功能及出水情况是否正常。 →在市政供水阀门处于完全开启状态时，每月应对倒流防止器的压差进行检测。

（2）消火栓系统

消火栓系统

◆地下式室外消火栓

- 每季度进行一次检查保养。
- 用专用扳手转动消火栓启动杆，观察其灵活性，必要时加注润滑油。
- 检查橡胶垫圈等密封件有无损坏、老化或丢失等情况。
- 检查栓体外表油漆有无脱落，有无锈蚀，如有应及时修补。
- 入冬前检查消火栓的防冻设施是否完好。
- 重点部位消火栓，每年应逐一进行一次出水试验，出水压力应满足要求。在检查中可使用压力表测试管网压力，或者连接水带进行射水试验，检查管网压力是否正常。
- 随时消除消火栓井周围及井内积存的杂物。
- 地下式室外消火栓应有明显标识，要保持室外消火栓配套器材和标识的完整有效。

地下式室外消火栓

◆地上式室外消火栓

- 用专用扳手转动消火栓启动杆，检查其灵活性，必要时加注润滑油。
- 检查出水口闷盖是否密封，有无缺损。
- 检查栓体外表油漆有无剥落，有无锈蚀，如有应及时修补。

（续）

消火栓系统	→每年开春后、入冬前对地上式室外消火栓逐一进行出水试验，出水压力应满足要求。在检查中可使用压力表测试管网压力，或者连接水带进行射水试验，检查管网压力是否正常。 →定期检查消火栓前端阀门井。 →保持配套器材的完备有效，无遮挡。 →应包括与有关单位联合进行的消防水泵、消防水池的一般性检查。  地上式室外消火栓 **◆室内消火栓** →消火栓箱内应经常保持清洁、干燥，防止锈蚀、碰伤或其他损坏。 →每半年至少进行一次全面的检查维修。 →检查消火栓和消防卷盘供水闸阀是否渗漏水，若渗漏水及时更换密封圈。

（续）

消火栓系统	→对消防水枪、消防水带、消防卷盘及其他配件进行检查，全部附件应齐全完好，卷盘转动灵活。 →检查报警按钮、指示灯及控制线路，应功能正常、无故障。 →消火栓箱及箱内装配的部件外观无破损，涂层无脱落，箱门玻璃完好无缺。 →对消火栓、供水阀门及消防卷盘等所有转动部位应定期加注润滑油。 **◆供水管路** →室外阀门井中，进水管上的控制阀门应每个季度检查一次，核实其处于全开启状态。 →系统上所有的控制阀门均应采用铅封或锁链固定在开启或规定的状态。 →每月应对铅封、锁链进行一次检查，当有破坏或损坏时应及时修理更换。 →对管路进行外观检查，若有腐蚀、机械损伤等，应及时修复。 →检查阀门是否漏水，若有漏水，应及时修复。 →室内消火栓设备管路上的阀门为常开阀，平时不得关闭，应检查其开启状态。 →检查管路的固定是否牢固，若有松动，应及时加固。

（3）自动喷水灭火系统

自动喷水灭火系统	**◆喷头的巡查** →观察喷头与保护区域环境是否匹配，判定保护区域使用功能、危险性级别是否发生变化。 →检查喷头外观有无明显磕碰伤痕或者损坏，有无喷头漏水或者被拆除等情况。 →检查保护区域内是否有影响喷头正常使用的吊顶装修，或者新增装饰物、隔断、高大家具以及其他障碍物。 →若有上述情况，采用目测、尺量等方法，检查喷头保护面积、与障碍物间距等是否发生变化。

（续）

自动喷水灭火系统

◆报警阀组的巡查

- 标识牌是否完好、清晰，阀体上水流指示永久性标识是否易于观察，与水流方向是否一致。
- 组件是否齐全，表面有无裂纹、损伤等现象。
- 是否处于伺应状态，观察其组件有无漏水等情况。
- 设置场所的排水设施有无排水不畅或者积水等情况。
- 外观标识有无磨损、模糊等情况，相关设备及其通用阀门是否处于工作状态。
- 控制装置外观有无歪斜翘曲、磨损划痕等情况，其监控信息显示是否准确。

◆末端试水装置和试水阀的巡查

- 检查系统（区域）末端试水装置、楼层试水阀的设置位置是否便于操作和观察，有无排水设施。
- 检查末端试水装置设置是否正确。
- 检查末端试水装置压力表能否准确显示系统最不利点处的静压值。

◆系统供电的巡查

- 检查自动喷水灭火系统的消防水泵、稳压泵等用电设备配电控制柜，观察其电压、电流监测是否正常，水泵启动控制和主、备泵切换控制是否设置在“自动”位置。
- 检查系统监控设备供电是否正常，系统中的电磁阀、模块等用电元器（件）是否通电。

◆月检查项目

- 电动、内燃机驱动的消防水泵（稳压泵）启动运行测试。
- 喷头完好状况、备用量及异物清除等检查。

（续）

自动喷水灭火系统	→系统所有阀门状态及其铅封、锁链完好状况检查。 →消防气压给水设备的气压、水位测试，消防水池、消防水箱的水位以及消防用水不被挪用的技术措施检查。 →水泵接合器完好性检查。 →过滤器排渣、完好状况检查。 →报警阀启动性能测试。 →电磁阀启动试验。 **◆季检查项目** →水流指示器报警试验。 →室外阀门井中的控制阀门开启状况及其使用性能测试。 **◆年检查项目** →水源供水能力测试。 →水泵接合器通水加压测试。 →贮水设备结构材料检查。 →水泵流量性能测试。 →系统联动测试。

（4）水喷雾灭火系统

水喷雾灭火系统	**◆日检查** →维护管理人员每天应对水源控制阀、雨淋报警阀进行外观检查，并应保证系统处于无故障状态，发现故障应及时进行处理。 →寒冷季节，消防贮水设备的任何部位均不得结冰。每天应检查设置贮水设备的房间，保持室温不低于5℃。

（续）

<table>
<tr><td>水喷雾灭火系统</td><td>

◆月检查

→消防水池、消防水箱应每月检查一次，确保消防贮备水位符合要求。

→电磁阀应每月检查并进行启动试验，动作失常时应及时更换。

→系统上所有的控制阀门均应采用铅封或锁链固定在开启或规定的状态。每月应对铅封、锁链进行一次检查，当有破坏或损坏时应及时修理更换。

◆季检查

→应对系统所有的试水阀和报警阀旁的放水试验阀进行一次放水试验。

→检查系统启动、报警功能以及出水情况是否正常。

◆年检查

→每年应对消防水源的供水能力进行一次测定，保证消防用水不被挪作他用。

→检查系统启动、报警功能以及出水情况是否正常。

</td></tr>
</table>

（5）细水雾灭火系统

<table>
<tr><td>细水雾灭火系统</td><td>

◆月检查

→检查系统组件的外观是否有碰撞变形及其他机械性损伤。

→检查分区控制阀动作是否正常。

→检查阀门上的铅封或锁链是否完好，阀门是否处于正确位置。

→检查贮水箱和贮水容器的水位及贮气容器内的气体压力是否符合设计要求。

→对于闭式系统，利用试水阀对动作信号反馈情况进行试验，观察其是否正常动作和显示。

→检查喷头的外观及备用数量是否符合要求。

→检查手动操作装置的防护罩、铅封等是否完整无损。

</td></tr>
</table>

（续）

细水雾灭火系统	◆季检查 →通过试验阀对泵组式系统进行一次放水试验，检查泵组启动、主备泵切换及报警联动功能是否正常。 →检查瓶组式系统的控制阀动作是否正常。 →检查管道和支吊架是否松动，管道连接件是否有变形、老化或裂纹等现象。 ◆年检查 →定期测定一次系统水源的供水能力。 →对系统组件、管道及管件进行一次全面检查，清洗贮水箱、过滤器，并对控制阀后的管道进行吹扫。 →贮水箱每半年换水一次，贮水容器内的水按产品制造商的要求定期更换。 →进行系统模拟联动功能试验。

（6）气体灭火系统

气体灭火系统	◆巡查内容及要求 →气体灭火控制器工作状态正常，盘面紧急启动按钮保护措施有效，检查主电是否正常，指示灯、显示屏、按钮、标签是否正常，钥匙、开关等是否在平时正常位置，系统是否在通常设定的安全工作状态（自动或手动，手动是否允许等）。 →每日应对低压二氧化碳贮存装置的运行情况、贮存装置间的设备状态进行检查并记录。 →选择阀、驱动装置上标明其工作防护区的永久性铭牌应明显可见，且妥善固定。 →防护区外专用的空气呼吸器或氧气呼吸器是否完好。 →防护区入口处灭火系统防护标识是否设置且完好。 →预制灭火系统、柜式气体灭火装置喷嘴前 2m 内不得有阻碍气体释放的障碍物。 →灭火系统的手动控制与应急操作处有防止误操作的警示显示与措施。

（续）

气体灭火系统	◆巡查周期 →建筑使用管理单位至少每日组织一次巡查。 ◆月检查项目 →对灭火剂贮存容器、选择阀、液流单向阀、高压软管、集流管、启动装置、管网与喷嘴、压力信号器、安全泄压阀及检漏报警装置等系统全部组成部件进行外观检查。 →气体灭火系统组件的安装位置不得有其他物件阻挡或妨碍其正常工作。 →驱动控制盘面板上的指示灯应正常，各开关位置应正确，各连线应无松动现象。 →火灾探测器表面应保持清洁，应无任何会干扰或影响火灾探测器探测性能的擦伤、油渍或油漆。 →气体灭火系统贮存容器内的压力、气动型驱动装置的气动源的压力均不得小于设计压力的 90%。 ◆月检查项目维护要求 →低压二氧化碳灭火系统贮存装置的液位计检查，灭火剂损失10%时应及时补充。 →高压二氧化碳灭火系统、七氟丙烷管网灭火系统及 IG541 灭火系统： ①灭火剂贮存容器及容器阀、单向阀、连接管、集流管、安全泄压装置、选择阀、阀驱动装置、喷嘴、信号反馈装置、检漏装置、减压装置等全部系统组件应无碰撞变形及其他机械性损伤，表面应无锈蚀，保护涂层应完好，铭牌和保护对象标识牌应清晰，手动操作装置的防护罩、铅封和安全标识应完整。 ②灭火剂和驱动气体贮存容器内的压力，不得小于设计贮存压力的 90%。 ③预制灭火系统的设备状态和运行状况应正常。

（续）

气体灭火系统

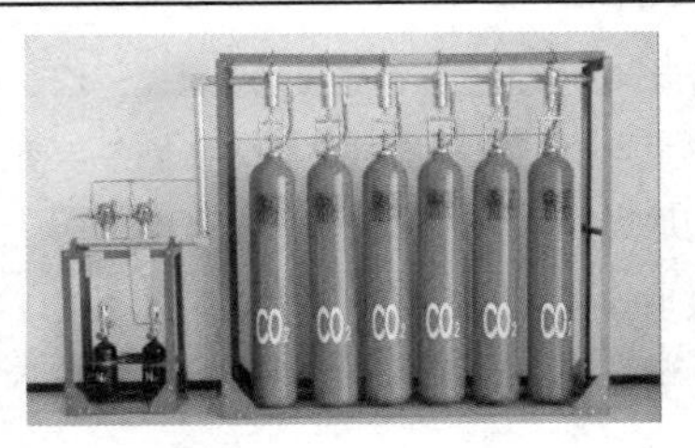

高压二氧化碳灭火系统

◆季检查项目

- 可燃物的种类、分布情况，防护区的开口情况，应符合设计规定。
- 贮存装置间的设备、灭火剂输送管道和支架、吊架的固定，应无松动。
- 连接管应无变形、裂纹及老化。必要时，送法定质量检验机构进行检测或更换。
- 各喷嘴孔口应无堵塞。
- 对高压二氧化碳贮存容器逐个进行称重检查，灭火剂净重不得小于设计贮存量的 90%。
- 灭火剂输送管道有损伤与堵塞现象时，应按相关规范规定的管道强度试验和气密性试验方法进行严密性试验和吹扫。

◆年检查要求

- 撤下一个防护区启动装置的启动线，进行电控部分的联动试验，应启动正常。
- 对每个防护区进行一次模拟自动喷气试验。通过报警联动，检验气体灭火控制盘功能，并进行自动启动方式模拟喷气试验，检查比例为 20%（最少一个分区）。此项检查每年进行一次。
- 进行预制气溶胶灭火装置、自动干粉灭火装置有效期限检查。

（续）

气体灭火系统	→进行泄漏报警装置报警定量功能试验，检查的钢瓶比例为100%。 →进行主用量灭火剂贮存容器切换为备用量灭火剂贮存容器的模拟切换操作试验，检查比例为20%（最少一个分区）。 →灭火剂输送管道有损伤与堵塞现象时，应按有关规范的规定进行严密性试验和吹扫。 **◆五年后的维护保养** →由专业维修人员进行。 →五年后，每三年应对金属软管（连接管）进行水压强度试验和气体密封性试验，性能合格方能继续使用，如发现老化现象，应进行更换。 →五年后，对释放过灭火剂的贮瓶、相关阀门等部件进行一次水压强度和气体密封性试验，试验合格方可继续使用。 **◆系统年检测** →建筑使用管理单位按照相关法律法规和国家消防技术标准，每年度开展的定期功能性检查和测试。 →建筑使用管理单位的年度检测可以委托具有资质的消防技术服务单位实施。

（7）泡沫灭火系统

泡沫灭火系统	**◆系统巡查** →查看消防泵及控制柜的工作状态，稳压泵、增压泵、气压水罐的工作状态，泵房工作环境。 →查看消防水池水位及消防用水的设施不被挪作他用。 →查看补水设施；查看防冻设施。

（续）

泡沫灭火系统	→查看泡沫喷头外观、泡沫消火栓外观、泡沫炮外观、泡沫产生器外观、泡沫液贮罐间环境、泡沫液贮罐外观、比例混合器外观、泡沫泵工作状态。 →查看水泵控制柜仪表、指示灯、控制按钮和标识；模拟主泵故障，查看自动切换启动备用泵情况，同时查看仪表及指示灯显示。 →查看泡沫液贮罐罐体、铭牌及配件。 →查看相关阀门启闭性能、压力表状态。 →查看泡沫产生器吸气孔、发泡网及暴露的泡沫喷射口是否有堵塞。  泡沫液贮罐 **◆系统月检查要求** →对低、中、高倍数泡沫产生器，泡沫喷头，固定式泡沫炮，泡沫比例混合器（装置），泡沫液贮罐进行外观检查，各部件要完好无损。 →对固定式泡沫炮的回转机构、仰俯机构或电动操作机构进行检查，性能要达到标准的要求。 →泡沫消火栓和阀门要能自由开启与关闭，不能有锈蚀。 →压力表、管道过滤器、金属软管、管道及附件不能有损伤。

（续）

泡沫灭火系统

→对遥控功能或自动控制设施及操作机构进行检查，性能要符合设计要求。

→对贮罐上的低、中倍数泡沫混合液立管要清除锈渣。

→动力源和电气设备工作状况要良好。

→水源及水位指示装置要正常。

管道过滤器

◆每半年检查要求

→每半年除贮罐上泡沫混合液立管和液下喷射防火堤内泡沫管道，以及高倍数泡沫产生器进口端控制阀后的管道外，其余管道需要全部冲洗，清除锈渣。

→贮罐上泡沫混合液立管冲洗时，容易损坏密封玻璃，甚至把水打入罐内，影响介质的质量，因此可不冲洗，但要清除锈渣。

→液下喷射防火堤内泡沫管道可不冲洗，也可不清除锈渣，因为泡沫喷射管的截面面积比泡沫混合液管道的截面面积大，不易堵塞。

→对高倍数泡沫产生器进口端控制阀后的管道不用冲洗和清除锈渣，因为这段管道设计时材料一般都是不锈钢的。

（续）

泡沫灭火系统	**◆每两年检查要求** →对于低倍数泡沫灭火系统中的液上、液下及半液下喷射、泡沫喷淋、固定式泡沫炮和中倍数泡沫灭火系统进行喷泡沫试验，并对系统所有组件、设施、管道及管件进行全面检查。 →对于高倍数泡沫灭火系统，可在防护区内进行喷泡沫试验，并对系统所有组件、设施、管道及管件进行全面检查。 →系统检查和试验完毕后，要对泡沫液泵或泡沫混合液泵、泡沫液管道、泡沫混合液管道、泡沫管道、泡沫比例混合器（装置）、泡沫消火栓、管道过滤器和喷过泡沫的泡沫产生装置等用清水冲洗后放空，复原系统。

（8）干粉灭火系统

干粉灭火系统	**◆系统巡查** →喷头外观无机械损伤，内外表面无污物。喷头的安装位置和喷孔方向与设计要求一致。 →干粉贮存容器无碰撞变形及其他机械性损伤，表面保护涂层完好。 →管道及管道附件的外观平整光滑，不能有碰撞、腐蚀。 →电磁驱动装置的电气连接线沿固定灭火剂贮存容器的支架、框架或墙面固定。电磁铁芯动作灵活，无卡阻现象。 →选择阀操作手柄安装在操作面一侧且便于操作，高度不超过 1.7m。 →选择阀上设置标明防护区名称或编号的永久性标识牌，并将标识牌固定在操作手柄附近。 →集流管固定在支架、框架上，支架、框架固定牢靠。 →装有泄压装置的集流管，泄压装置的泄压方向不应朝向操作面。

（续）

干粉灭火系统	 选择阀 **◆日检查** →检查项目： ①干粉贮存装置外观。 ②灭火控制器运行情况。 ③启动气体贮瓶和驱动气体贮瓶压力。 →检查内容： ①干粉贮存装置是否固定牢固，标识牌是否清晰等。 ②启动气体贮瓶和驱动气体贮瓶压力是否符合设计要求。 **◆月检查** →检查项目： ①干粉贮存装置部件。 ②驱动气体贮瓶充装量。 →检查内容： ①检查干粉贮存装置部件是否有碰撞或机械性损伤，防护涂层是否完好；铭牌、标识、铅封是否完好。 ②对驱动气体贮瓶逐个进行称重检查。

（续）

干粉灭火系统	**◆年检查内容** →防护区的疏散通道、疏散指示标识和应急照明装置，防护区内和入口处的声光报警装置，入口处的安全标识及干粉灭火剂喷放指示门灯，无窗或固定窗扇的地上防护区和地下防护区的排气装置，门窗设有密封条的防护区的泄压装置。 →贮存装置间的位置、通道、耐火等级、应急照明装置及地下贮存装置间机械排风装置。 →干粉贮存容器的数量、型号、规格，位置与固定方式，油漆和标识，干粉充装量，以及干粉贮存容器的安装质量。 →集流管、驱动气体管道和减压阀的规格、连接方式、布置及其安全防护装置的泄压方向。 →选择阀及信号反馈装置的数量、型号、规格、位置、标识及其安装质量。 →阀驱动装置的数量、型号、规格和标识、安装位置；气动阀驱动装置中启动气体贮瓶的介质名称和充装压力，以及启动气体管道的规格、布置和连接方式。 →管道的布置与连接方式，支架和吊架的位置及间距，穿过建筑构件及其变形缝的处理，各管段和附件的型号、规格以及防腐处理、油漆颜色。 →喷头的数量、型号、规格、安装位置和方向。 →灭火控制器及手动、自动转换开关，手动启动、停止按钮，喷放指示灯，声光报警装置等联动设备的设置。  声光报警装置

（续）

干粉灭火系统

◆年检查项目

- 防护区及干粉贮存装置间。
- 管网、支架及喷放组件。
- 模拟启动检查。

◆喷头年度检测

- 喷头数量、型号、规格、安装位置和方向符合设计文件要求。
- 无碰撞变形或其他机械性损伤，并有型号、规格的永久性标识。

◆贮存装置年度检测

- 干粉贮存容器的数量、型号和规格，位置与固定方式，油漆和标识符合设计要求。
- 驱动气瓶压力和干粉充装量符合设计要求。

◆年度功能检测内容

- 模拟干粉喷放功能检测。
- 模拟自动启动功能检测。
- 模拟手动启动、紧急停止功能检测。
- 备用瓶组切换功能检测。

◆年度功能检测步骤

- 选择试验所需的干粉贮存容器，并与驱动装置完全连接。
- 拆除驱动装置的动作机构，接以启动电压和电流均相同的负载。
- 模拟火警，使防护区内一只探测器动作，观察相关设备的动作是否正常（如声、光警报装置）。
- 模拟火警，使防护区内另一只探测器动作，观察复合火警信号输出后相关设备的动作是否正常。
- 拆除驱动装置的动作机构，接以启动电压和电流均相同的负载，按下手动启动按钮，观察有关设备动作是否正常；人工使压力信号器动作，观察放气指示灯是否点亮。

（续）

干粉灭火系统	→重复自动模拟启动试验，在启动喷射延时阶段按下手动紧急停止按钮，观察自动灭火启动信号是否被中止。 →按说明书的操作方法，将系统使用状态从主用量灭火剂贮存容器切换至备用量灭火剂贮存容器的使用状态。

（9）火灾自动报警系统

火灾自动报警系统	◆日检查 →火灾自动报警系统应保持连续正常运行，不得随意中断。 →每日应检查火灾报警控制器的功能，并按要求填写相应的记录。 ◆季检查 →采用专用检测仪器分期分批试验探测器的动作及确认灯显示。 →试验火灾警报器的声光显示。 →试验水流指示器、压力开关等报警功能、信号显示。 →对主电源和备用电源进行1~3次自动切换试验。 →用自动或手动检查消防控制设备的控制显示功能。 ①室内消火栓、自动喷水、泡沫、气体、干粉等灭火系统的控制设备。 ②抽验电动防火门、防火卷帘门，数量不小于总数的25%。 ③选层试验消防应急广播设备，并试验公共广播强制转入火灾应急广播的功能，抽检数量不小于总数的25%。 ④消防应急照明与疏散指示标识的控制装置。 ⑤送风机、排烟机和自动挡烟垂壁的控制设备。 →消防电梯迫降功能。 →应抽取不小于总数25%的消防电话和电话插孔在消防控制室进行对讲通话试验。

（续）

<table>
<tr><td>火灾自动报警系统</td><td>◆年检查
→应用专用检测仪器对所安装的全部探测器和手动报警装置试验至少1次。
→自动和手动打开排烟阀，关闭电动防火阀和空调系统。
→对全部电动防火门、防火卷帘试验至少1次。
→强制切断非消防电源功能试验。
→对其他有关的消防控制装置进行功能试验。</td></tr>
</table>

（10）防烟排烟系统

<table>
<tr><td>防烟排烟系统</td><td>◆日常巡查
→防烟排烟系统能否正常使用与系统各组件、配件的日常监控时的现场状态密切相关，机械防烟排烟系统应始终保持正常运行。
→正常工作状态下，正压送风机、排烟风机、通风空调风机电控柜等受控设备应处于自动控制状态。
→消防控制室应能显示系统的手动、自动工作状态及系统内的防烟排烟风机、防火阀、排烟防火阀的动作状态。
→消防控制室应能控制系统的启、停及系统内的防烟排烟风机、防火阀、排烟防火阀、常闭送风口、排烟口、电控挡烟垂壁的开关，并显示其反馈信号。
→消防控制室应能停止相关部位正常通风的空调，并接收和显示通风系统内防火阀的反馈信号。</td></tr>
</table>

（续）

防烟排烟系统	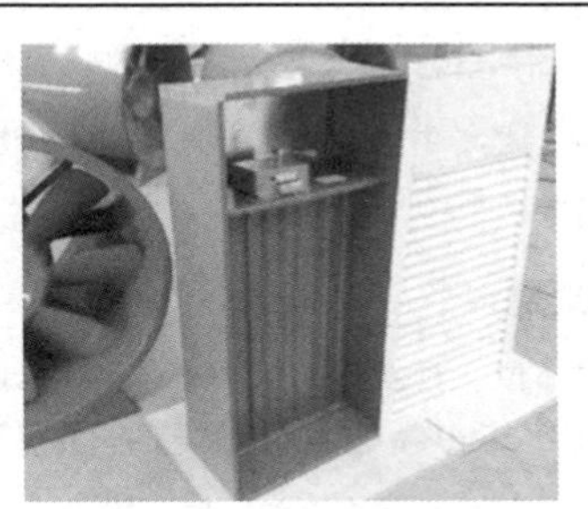 常闭加压送风口 **◆周期性检查** →每季度应对防烟排烟风机、活动挡烟垂壁、自动排烟窗进行一次功能检测启动试验及供电线路检查。 →每半年应对全部排烟防火阀、送风阀或送风口、排烟阀或排烟口进行自动和手动启动试验一次。 →每年应对全部防烟排烟系统进行一次联动试验和性能检测，其联动功能和性能参数应符合原设计要求。 →当防烟排烟系统采用无机玻璃钢风管时，应每年对该风管进行质量检查，检查面积应不少于风管面积的30%；风管表面应光洁，无明显泛霜、结露和分层现象。 →排烟窗的温控释放装置、排烟防火阀的易熔片应有10%的备用件，且不少于10只。

（11）消防应急照明和疏散指示系统

消防应急照明和疏散指示系统	**◆系统应具备的文件资料** →检测、验收合格资料。 →消防安全管理规章制度、灭火及应急疏散预案。 →建（构）筑物竣工后的总平面图、系统图、系统设备平面布置图、重点部位位置图。 →各防火分区、楼层、隧道区间、地铁站厅或站台的疏散指示方案。 →系统部件现场设置情况记录。 →应急照明控制器控制逻辑编程记录。

（续）

消防应急照明和疏散指示系统

→系统设备使用说明书、系统操作规程、系统设备维护保养制度。

→应建立上述文件档案，并应有电子备份档案。应保持系统连续正常运行，不得随意中断。

◆系统日常巡查

→巡查的部位、频次应符合国家标准《建筑消防设施的维护管理》（GB 25201—2010）的规定，并填写记录。

→巡查过程中发现设备外观破损、设备运行异常时应立即报修。

◆集中控制型系统

→手动应急启动功能：
应保证每月、每季对系统进行一次手动应急启动功能检查。

→火灾状态下自动应急启动功能：
应保证每年对每一个防火分区至少进行一次火灾状态下自动应急启动功能检查。

→持续应急工作时间：
应保证每月对每一台灯具进行一次蓄电池电源供电状态下的应急工作持续时间检查。

◆非集中控制型系统

→手动应急启动功能：
应保证每月、每季对系统进行一次手动应急启动功能检查。

→持续应急工作时间：
应保证每月对每一台灯具进行一次蓄电池电源供电状态下的应急工作持续时间检查。

◆检查要求

→系统的年度检查可根据检查计划，按月度、季度逐步进行。系统部件的功能、系统的功能应符合《消防应急照明和疏散指示系统技术标准》（GB 51309—2018）的要求。

→系统在蓄电池电源供电状态下的应急工作持续时间不满足要求时，应更换相应系统设备或更换其蓄电池（组）。

(12) 城市消防远程监控系统

城市消防远程监控系统

◆系统运行管理

- 城市消防远程监控系统的运行及维护应由具有独立法人资格的单位承担。
- 单位的主要技术人员应由从事火灾报警、消防设备、计算机软件、网络通信等专业工作5年以上(含5年)经历的人员构成。
- 远程监控系统的运行操作人员上岗前还要具备熟练操作设备的能力。
- 监控中心应建立机房管理制度、操作人员管理制度、系统操作与运行安全制度、应急管理制度、网络安全管理制度,以及数据备份与恢复方案。
- 监控中心日常应做好技术文件的记录,并及时归档,妥善保管。

◆系统运行管理技术文件

- 交接班登记表。
- 值班日志。
- 接处警登记表。
- 值班人员工作通话录音电子文档。
- 设备运行、巡检及故障记录。

◆用户信息传输装置使用与检查

- 联网用户人为停止火灾自动报警系统等建筑消防设施运行时,要提前通知监控中心。
- 联网用户的建筑消防设施故障造成误报警超过5次/日,且不能及时修复时,应与监控中心协商处理办法。
- 消防控制室值班人员接到报警信号后,应以最快方式确认是否有火灾发生,火灾确认后,在拨打火灾报警电话119的同时,观察用户信息传输装置是否将火灾信息传送至监控中心。

（续）

城市消防远程监控系统	→监控中心通过用户服务系统向远程监控系统的联网用户提供该单位火灾报警和建筑消防设施故障情况统计月报表。 →要求： ①每日进行 1 次自检功能检查。 ②由火灾自动报警系统等建筑消防设施模拟生成火警，进行火灾报警信息发送试验，每个月试验次数不应少于 2 次。 **◆通信服务器软件使用与检查** →投入使用后，要确保软件处于正常工作状态，并保持连续运行，不得擅自关闭软件。 →必须由监控中心管理员进行维护管理，如因故障维修等原因需要暂时停用的，监控中心管理员应提前通知各联网用户单位消防安全负责人。 →恢复启用后，应及时通知各联网用户单位消防安全负责人。 →与监控中心报警受理系统的通信测试为 1 次/日。 →与设置在城市消防通信指挥中心或其他接处警中心的火警信息终端之间的通信测试为 1 次/日。 →实时监测与联网用户信息传输装置的通信链路状态，如检测到链路故障，应及时告知报警受理系统，报警受理系统值班人员应及时与联网用户单位值班人员联系，尽快解除链路故障。 →与报警受理系统、火警信息终端、用户信息传输装置等其他终端之间时钟检查为 1 次/日。 →每月检查系统数据库使用情况，必要时对硬盘进行扩充。 →每月进行通信服务器软件运行日志整理。 **◆报警受理系统软件使用** →报警受理系统软件投入使用后，要确保软件处于正常工作状态，并保持连续运行，不得擅自关闭软件。

（续）

城市消防远程监控系统	→报警受理系统软件必须由监控中心管理员进行维护管理，如因故障维修等原因需要暂时停用的，监控中心报警受理值班员应提前通知系统管理员。 →恢复启用后，要及时通知系统管理员。 **◆报警受理系统软件检查要求** →与通信服务器软件的通信测试为1次/日。 →与通信服务器软件的时钟检查为1次/日。 →每月进行报警受理系统软件运行日志整理。 **◆报警受理系统软件检查内容与顺序** →用户信息传输装置模拟报警，检查报警受理系统能否接收、显示、记录及查询用户信息传输装置发送的火灾报警信息、建筑消防设施运行状态信息。 →模拟系统故障信息，检查报警受理系统能否接收、显示、记录及查询通信服务器发送的系统报警信息。 →用户信息传输装置模拟报警，检查报警受理系统能否收到该报警信息，收到该信息后能否驱动声器件和显示界面发出声信号和显示提示。 →火灾报警信息声信号和显示提示是否明显区别于其他信息，报警信息的显示和处理是否优先于其他信息的显示和处理。 →声信号可否手动消除，当收到新的信息时，声信号是否能再启动。信息受理后，相应声信号、显示提示是否自动消除。 →用户信息传输装置模拟报警，检查报警受理系统能否收到该报警信息，受理用户信息传输装置发送的火灾报警、故障状态信息时，是否能显示相关内容。 →用户信息传输装置模拟报警，检查报警受理系统能否对火灾报警信息进行确认和记录归档。

（续）

城市消防远程监控系统

→用户信息传输装置模拟手动报警信息，检查报警受理系统能否将信息上报至火警信息终端，信息内容是否包括报警联网用户名称、地址，联系人姓名、电话，建筑物名称，报警点所在建筑物详细位置，监控中心受理员编号或姓名等。

→能否接收、显示和记录火警信息终端返回的确认时间、指挥中心受理员编号或姓名等信息。

→通信失败时是否能够报警。

→模拟至少 10 条用户信息传输装置故障信息，检查报警受理系统能否对用户信息传输装置发送的故障状态信息进行核实、记录、查询和统计；能否向联网用户相关人员或相关部门发送经核实的故障信息；能否对故障处理结果进行查询。

◆用户信息传输装置模拟报警，检查报警受理系统能否收到该报警信息，受理用户信息传输装置发送的火灾报警、故障状态信息时，应能显示的内容

→信息接收时间，用户名称、地址，联系人姓名、电话，单位信息，相关系统或部件的类型、状态等信息。

→该用户的地理信息、建筑消防设施的位置信息以及部件在建筑物中的位置信息。

→该用户信息传输装置发送的不少于 5 条的同类型历史信息记录。

◆信息查询系统软件使用

→信息查询系统投入使用后，要确保软件处于正常工作状态，并保持连续运行，不得擅自关闭软件。

→信息查询系统必须由监控中心管理员进行维护管理，如因故障维修等原因需要暂时停用的，监控中心管理员应提前通知消防救援机构相关使用人员。

→恢复启用后，及时通知消防救援机构相关使用人员。

（续）

城市消防远程监控系统

◆信息查询系统软件检查要求

→与监控中心的通信测试为 1 次/日。

→与监控中心的时钟检查为 1 次/日。

→每月进行信息查询系统软件运行日志整理。

◆信息查询系统软件检查内容与顺序

→以消防救援机构人员身份登录信息查询系统，检查信息查询系统能否查询所属辖区联网用户的火灾报警信息。

→以消防救援机构人员身份登录信息查询系统，检查信息查询系统能否按消防安全管理信息表所列内容查询联网用户的建筑消防设施运行状态信息。

→以消防救援机构人员身份登录信息查询系统，检查信息查询系统能否按消防安全管理信息表所列内容查询联网用户的消防安全管理信息。

→以消防救援机构人员身份登录信息查询系统，检查信息查询系统能否查询所属辖区联网用户的日常值班、在岗等信息。

→以消防救援机构人员身份登录信息查询系统，检查信息查询系统能否查询火灾报警信息、建筑消防设施运行状态信息、联网用户的消防安全管理信息、联网用户的日常值班和在岗等信息。

→以消防救援机构人员身份登录信息查询系统，按日期、单位名称、单位类型、建筑物类型、建筑消防设施类型、信息类型等检索项进行检索和统计。

◆用户服务系统软件使用

→用户服务系统投入使用后，要确保软件处于正常工作状态，并保持连续运行，不得擅自关闭软件。

→用户服务系统必须由监控中心管理员进行维护管理，如因故障维修等原因需要暂时停用的，监控中心管理员应提前通知联网用户单位消防安全负责人。

→恢复启用后，要及时通知联网用户单位消防安全负责人。

（续）

城市消防远程监控系统

◆用户服务系统软件使用

- 用户服务系统投入使用后，要确保软件处于正常工作状态，并保持连续运行，不得擅自关闭软件。
- 用户服务系统必须由监控中心管理员进行维护管理，如因故障维修等原因需要暂时停用的，监控中心管理员应提前通知联网用户单位消防安全负责人。
- 恢复启用后，要及时通知联网用户单位消防安全负责人。

◆用户服务系统软件检查要求

- 与监控中心的通信测试为1次/日。
- 与监控中心的时钟检查为1次/日。
- 每月进行用户服务系统软件运行日志整理。

◆用户服务系统软件检查内容与顺序

- 以联网单位用户身份登录用户服务系统，检查用户服务系统能否查询其自身的火灾报警、建筑消防设施运行状态信息及消防安全管理信息，建筑消防设施运行状态信息和消防安全管理信息是否能够包含规定的信息内容。
- 以联网单位用户身份登录用户服务系统，检查用户服务系统能否对建筑消防设施日常维护保养情况进行管理。
- 以联网单位用户身份登录用户服务系统，检查用户服务系统能否提供消防安全管理信息的数据录入、编辑服务。
- 以联网单位消防安全负责人身份登录用户服务系统，检查用户服务系统能否通过随机查岗，实现对值班人员日常值班工作的远程监督。
- 以不同权限的联网单位用户身份登录用户服务系统，检查用户服务系统能否提供不同用户不同权限的管理。
- 以联网单位用户身份登录用户服务系统，检查用户服务系统能否提供消防法律法规、消防常识和火灾情况等信息。

（续）

城市消防远程监控系统

◆火警信息终端软件使用

- 火警信息终端软件投入使用后，要确保软件处于正常工作状态，并保持连续运行，不得擅自关闭软件。
- 火警信息终端软件必须由监控中心管理员进行维护管理，如因故障维修等原因需要暂时停用的，火警信息终端值班员应提前通知系统管理员。
- 恢复启用后，及时通知系统管理员。

◆火警信息终端软件检查要求

- 与通信服务器软件的通信测试为1次/日。
- 与通信服务器软件的时钟检查为1次/日。
- 每月进行火警信息终端软件运行日志整理。

◆火警信息终端软件检查内容与顺序

- 用户信息传输装置模拟手动报警信息，经报警受理系统受理确认以后，检查火警信息终端能否接收、显示、记录及查询监控中心报警受理系统发送的火灾报警信息。
- 用户信息传输装置模拟手动报警信息，经报警受理系统受理确认以后，检查火警信息终端能否收到火灾报警及系统内部故障告警信息，是否能驱动声器件和显示界面发出声信号和显示提示。
- 火灾报警信息声信号和显示提示是否明显区别于故障告警信息，且是否优先于其他信息的显示及处理。声信号是否能手动消除，且当收到新的信息时，声信号是否能再启动。
- 信息受理后，相应声信号、显示提示是否能自动消除。
- 用户信息传输装置模拟手动报警信息，经报警受理系统受理确认以后，检查火警信息终端是否能显示报警联网用户的名称、地址，联系人姓名、电话，建筑物名称，报警点所在建筑物位置，联网用户的地理信息，监控中心受理员编号或姓名，接收时间等信息。
- 经人工确认后，是否能向监控中心反馈确认时间、指挥中心受理员编号或姓名等信息；通信失败时能否报警。

（续）

城市消防远程监控系统	**◆运行定期检查和测试要求** →对用户信息传输装置的主电源和备用电源进行切换试验，每半年的试验次数不少于1次。 →每年检测用户信息传输装置的金属外壳与电气保护接地干线（PE线）的电气连续性，若发现连接处松动或断路，应及时修复。 **◆运行满1年后的检查** →每半年检查录音文件的保存情况，必要时清理保存周期超过6个月的录音文件。 →每半年对通信服务器、报警受理系统、信息查询系统、用户服务系统、火警信息终端等组件进行检查、测试。 →每年检查系统运行及维护记录等文件是否完备。 →每年检查系统网络安全性。 →每年检查监控系统日志并进行整理备份。 →每年检查数据库使用情况，必要时对硬盘存储记录进行整理。 →每年对监控中心的火灾报警信息、建筑消防设施运行状态信息等记录进行备份，必要时清理保存周期超过1年的备份信息。

（13）其他消防设施

其他消防设施	**◆防火门** →根本解决疏散走道上、防烟楼梯间前室或合用前室设置的常闭式防火门，在运用过程中人为地使其常开，成为“常开”防火门。 →经常检查防火门的完整性，检查闭门器、顺序器能否好用，防火门能否按顺序自行封锁，铰链、合页上的螺钉能否松动，如有损坏应立刻组织维修。

（续）

其他消防设施	→杜绝为片面追求装饰效果，将防火门门框取消而仅设置普通木材制造的门套，将门扇的原有边框换成其他资料，大范围加贴装饰面层。 →对常开式防火门要定期测试其自行封锁控制系统、闭门器、顺序器、释放开关等方面是否好用，是否在火灾发作时实在地起到自行封锁的功用，同时要防止在常开式防火门旁随意堆放物品。  闭门器 ◆防火卷帘 →卷帘门一次下滑至离地面 1.2m 左右停车，延时 90s 左右，再自动启动卷帘门全部关闭。 →防火卷帘门应建立按期保养制度，并做好每樘卷帘的保养记录工作，存案存档。 →长期不启闭的卷帘半年必须保养一次，内容为消除尘埃，涂刷油漆，对传动部分的链轮滚子链加润滑油等。 →检查电器线路和电器设备是否损坏，运转是否正常，能否符合各项指令，如有损坏和不符要求时应立刻检验。

参考文献

[1] 中华人民共和国人力资源和社会保障部，中华人民共和国应急管理部. 消防设施操作员（2019 年版）［S］. 北京：中国劳动社会保障出版社，2019.

[2] 中华人民共和国住房和城乡建设部，中华人民共和国国家质量监督检验检疫总局. 给水排水构筑物工程施工及验收规范：GB 50141—2008［S］. 北京：中国建筑工业出版社，2009.

[3] 中华人民共和国住房和城乡建设部，中华人民共和国国家质量监督检验检疫总局. 机械设备安装工程施工及验收通用规范：GB 50231—2009［S］. 北京：中国计划出版社，2009.

[4] 中华人民共和国住房和城乡建设部，中华人民共和国国家质量监督检验检疫总局. 风机、压缩机、泵安装工程施工及验收规范：GB 50275—2010［S］. 北京：中国计划出版社，2011.

[5] 中华人民共和国住房和城乡建设部，国家市场监督管理总局. 消防应急照明和疏散指示系统技术标准：GB 51309—2018［S］. 北京：中国计划出版社，2019.

[6] 中华人民共和国国家质量监督检验检疫总局，中国国家标准化管理委员会. 建筑消防设施的维护管理：GB 25201—2010［S］. 北京：中国标准出版社，2011.

[7] 中华人民共和国住房和城乡建设部，国家市场监督管理总局. 火灾自动报警系统施工及验收标准：GB 50166—2019［S］. 北京：中国计划出版社，2019.

[8] 中华人民共和国住房和城乡建设部，中华人民共和国国家质量监督检验检疫总局. 工业金属管道工程施工规范：GB 50235—2010［S］. 北京：中国计划出版社，2011.

[9] 中华人民共和国住房和城乡建设部，中华人民共和国国家质量监督检验检疫总局. 电气装置安装工程：爆炸和火灾危险环境电气装置施工及验收规范：GB 50257—2014［S］. 北京：中国计划出版社，2015.

[10] 中华人民共和国住房和城乡建设部，中华人民共和国国家质量监督检验检疫总局. 建筑电气工程施工质量验收规范：GB 50303—2015 [S]. 北京：中国计划出版社，2016.

[11] 公安消防局. 中国消防手册（第十二卷）：消防装备 · 消防产品 [M]. 上海：上海科学技术出版社，2007.

[12] 公安消防局. 中国消防手册（第六卷）：公共场所 · 用火用电防火 · 建筑消防设施 [M]. 上海：上海科学技术出版社，2007.

[13] 公安消防局. 中国消防手册（第三卷）：消防规划 · 公共消防设施 · 建筑防火设计 [M]. 上海：上海科学技术出版社，2006.

[14] 陈育坤. 建筑消防设施操作与检查 [M]. 昆明：云南美术出版社，2011.